低いところに基準を設定し、長期的には平時の1ミリシーベルトに戻すことが目標です。

100 mSv（ミリシーベルト） ▸	人体に影響が生じ始める（発がんリスクの上昇がわずかに認められる）放射線量。放射線の人体への影響に関して、科学的根拠が確立されている最低線量です。これ以下の線量では、明らかな人体影響は「観測」されていません。しかし、だからと言って、「100ミリシーベルト以下の被ばく線量ではがんは増えない」ことを意味するわけではありません。実際、科学的に確立された根拠とは言えないまでも、胎児の被ばくに関しては、10～20ミリシーベルト程度でも、発がん率の上昇をうかがわせるデータが存在します。
4,000 mSv（ミリシーベルト） ▸	治療をしなければ、被ばくした人の50%が死に至る放射線量（積算）です。

ベクレル（Bq）

詳しくは……本書38頁！

300 Bq/kg ▸	緊急時における、飲料水および牛乳に関する放射性ヨウ素の基準値。これを超えた場合に、摂取の制限などの措置が行われます。ヨウ素は揮発性で原子力事故の際に大気中に放出されやすく、また人体に摂取された場合には甲状腺に集まるので、特別に基準値が設けられています。放射性セシウムの場合は成人で200ベクレル（Bq/kg）です。
2,000 Bq/kg ▸	緊急時における、野菜類に関する放射性ヨウ素の基準値。これを超えた場合に、摂取の制限などの措置が行われます。放射性セシウムの場合は成人で500ベクレル（Bq/kg）です。

覚えておきたい数字と単位

m（ミリ）と μ（マイクロ）

詳しくは……本書30頁！

m（ミリ） ▶ ＝千分の1

μ（マイクロ） ▶ ＝百万分の1

シーベルト（Sv）

詳しくは……本書27頁！

1 mSv（ミリシーベルト） ▶ （緊急時ではない）平時に、一般公衆が1年間に受ける放射線量の限度。平均して1ミリシーベルト毎年が達成されるならば、一時的に5ミリシーベルト毎年までは可。

2.4 mSv（ミリシーベルト） ▶ 1年間に自然環境から人体が受ける放射線量の世界平均値（宇宙や大地からの放射線、空気や飲食物に含まれる放射性物質など、天然由来のものすべてを含みます）。ちなみに日本の平均値は1.5ミリシーベルトです。

20 mSv（ミリシーベルト） ▶ 国際放射線防護委員会（ICRP）は、原発事故による緊急時の年間被ばく量を20～100ミリシーベルト、事故収束後は1～20ミリシーベルトに定めています。これを踏まえ、20ミリシーベルトに達する恐れのある地域が「計画的避難区域」に指定されました。これは「20ミリ以下の被ばくを許容する」ということではなく、可能ならできるだけ

中川恵一 東大病院 放射線科准教授／緩和ケア診療部長 イラスト 寄藤文平

正しく理解し、
この時代を
生き延びるための30の解説

朝日出版社

放射線のひみつ　正しく理解し、この時代を生き延びるための30の解説

目次

第二章　放射線を「正しく怖がる」

第三章　ニュースから読み取るポイント

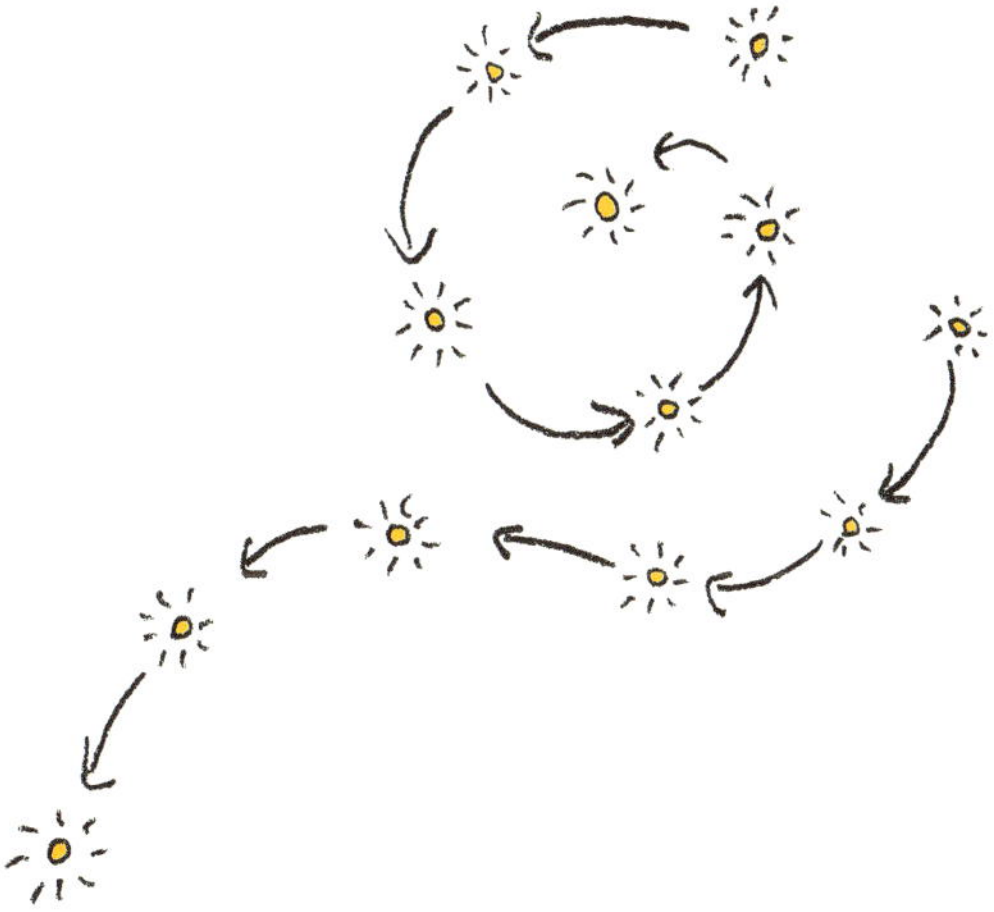

まえがき　原発事故と放射線

２０１１年3月11日、東北と東日本をおそった大地震と津波は、福島第一原子力発電所に致命的なダメージを与え、いまだに予断を許さない状況が続いています。そして、残念ながら、正しい情報が国民に共有されているとは言えません。

私の専門ではないので、原子力発電所の安全性や代替エネルギーについて議論することはここでは差し控え、がんの患者さんに、日々、放射線治療を行っている放射線治療医の立場から、放射線が人体に与える影響について、私たちが重要だと思うポイントを取り上げ、みなさんにお伝えしたいと思います。

私たち、と書いたのは、放射線治療は私のような医師だけでできるものではないからです。チーム医療が必須です。診療放射線技師やナースはもちろんですが、理工を専門とする立場で放射線治療を支える「医学物理士」の存在が欠かせません。（興味をお持ちくださる方は、以下をご覧ください。日本医学物理学会「医学物理学とはどのような学問であるか」http://www.jsmp.org/news/100628.html）

さて、ここで、5月10日現在の状況から、放射線医として言えることを、結論的に述べておきます。

1　今回の原発事故による放射線被ばくで、（原発付近で大量の放射線にさらされている作業員のみなさんや、自衛隊、消防、警察などのみなさんを除き）少なくとも一般公衆において、がんは増えないと予想できます。

2　放射線汚染（内部被ばく）を恐れるあまり、政府や自治体が出荷制限・摂取制限をしていない野菜・魚・水までをも警戒し、摂取《せっしゅ》しないと、かえって健康被害が生じかねません。

3　今回の事故に影響を受け、放射線被ばく（外部被ばく）を恐れ、X線やCTなどによる検診（健診）を受けないと、がんを早期に発見できず、進行がん・末期がんに至る可能性があります。

4　放射線に対する正しい理解を欠いたままでは、放射線への恐怖・懸《け》念《ねん》・ストレスが大きくなる可能性があります。

この本では、放射線とはいったい何ものか、放射線と放射能の違い、被ばくには「外部被ばく」と「内部被ばく」があること、全身被ばくと局所被ばくの区別、どのくらいの放射線をあびると体に悪影響があるのか、チェルノブイリやスリーマイル島の原発事故で住民に何が起こったのか、発がんリスクが上昇するとはどういうことなのか、そもそもがんとは何か、「ただちに健康に影響のあるレベルではない」とは何を指すか、こうしたことをわかりやすく解説するつもりです。

中川恵一

［読者のみなさまへ］

本書の執筆に際し、著者は、2011年5月10日に筆を擱《お》いています。福島第一原子力発電所の事故が、今後どのように推移するか、容易に見通せません。事態の重大な展開に応じた筆者の見解を示すには、印刷物では間に合わない場合も予想されます。そこで、小社のブログ、あるいは、著者を含む「東大病院放射線治療チーム」のブログやツイッターなどで、本書の記述を補うことを考えています。ご参照いただければ幸いです。

（編集部）

——朝日出版社第二編集部　ブログ　http://asahi2nd.blogspot.com/
——東大病院放射線治療チーム　ブログ　http://tnakagawa.exblog.jp/
——東大病院放射線治療チーム　ツイッター　http://twitter.com/team_nakagawa/

第一章

言葉と単位、これだけは！

1

放射線を語るための「言葉」から始めましょう。

テレビから突然、「シーベルト」とか「マイクロ」とか「ベクレル」とか、耳慣れない言葉が聞こえてくるようになりました。

よくわからないとかえって、「怖そう」とか、「どうなってしまうんだろう」といった不安や恐怖が高まるものです。

たしかに放射線は目に見えず、扱いを誤れば危険です。健康に被害を及ぼしますし、場合によっては人の命を奪うこともあります。

言葉がわかればそんなに
難しい話はしていない。

しかし、何ごともそうですが、相手がどんなものか、どこがどう危険なのかわからなければ、対処できるはずはありません。

そして、放射線を知り、対処するためには、つまりは、「正しく警戒する」「正しく怖がる」ためには、まず放射線独特の「言葉」をきちんと理解することが大事です。といっても、ごくわずかな言葉と数字だけで十分です。

これは、インターネットの話をするのに、「メガ」とか「バイト」の意味を知らないとわけがわからなくなってしまうのと同じです。

「1ギガバイトのPDFをZIPで圧縮してインターネット・プロトコル・アドレス変更後に……」と言われても、普通は何がなんだかわかりません。わからないから、手に負えないと思ってしまう。

しかし、言葉の一つひとつを基本から理解し、「化けの皮」をはがせばよいのです。まず、放射線を語る「言葉」から見ていきましょう。

2

「被ばく（被曝）」は「被爆」ではありません。

「ゲンシリョク」「ホウシャノウ」「ヒバク」と聞くと、原子爆弾による「被爆（ひばく）」を想像する人も多いと思います。

でも、放射線の場合、「被ばく」は「被曝」と書きます。これは放射線に「さらされる」という意味です。「ばく」の漢字が、「火」偏じゃなくて「日」偏の「曝」です。訓読みは「さらす」ですね。むずかしい文字なので、以下、「被曝」ではなく、「被ばく」と表記します。

語感はなんとなく恐ろしいですが、実はだれでも、普段からさまざまな放射線に〝被ばく〟していることをご存知でしょうか。放射線は、もともと自然界に存在するからです。これは追って（第二章で）詳しく説明します。

　他方、原子爆弾の「被爆」の方は、日常的ではありません。もともとは、「爆撃を受ける（被《こうむ》る）」という意味です。日本では主に、原子爆弾によって、直接的・間接的に被害を受けることを指します。

　原子爆弾の「被爆」の方は、戦時における核兵器による爆撃ですから、突発的な事態で防ぎようもありませんが、放射線の「被曝（被ばく）」は違います。正しい知識を持てばリスクも減らせますし、予防もできるのです。

被曝
被爆

3

「放射能がやって来る！」はまちがいです。

「放射線」「放射能」「放射性物質」。どれも互いによく似た言葉ですが（だからこそ、よく混同される）、意味はそれぞれ異なります。

「放射線」は、物質に〝電離〟を与える「光」や「粒子」。平たく言えば、物体を突き抜ける能力の高い光や粒子を指します。さまざまな種類の放射線があり、性質もそれぞれ違うのですが、とりあえず、全部まとめて「放射線」と呼んでおきます。

放射線は無色・無味・無臭で、目には見えませんが、人体に影響を与えます。

放射線
放射性
物質
放射能を
持ってる!!

紫外線に似たものだと言えます。（紫外線は、身体の奥まで〝透過〟しませんから、皮膚がんしか増やしません。その点、放射線は、すべてのがんを増やす可能性があります。）

「放射性物質」は放射線を出す物質のことです。具体的には、ヨウ素やセシウムといった（放射性）元素のことです。

「放射能」は放射線を出す〝能力〟のことです。カタチある物ではないので、「放射能が来る」とか「放射能をあびる」という言い方は適切ではありません。正しくは「放射能を持っている」「放射線をあびる」です。

なお、「放射能漏れ」という表現は、「放射性物質が漏れ出る」の意味でしばしば使われていますが、やはり、適切な表現ではありません。

あとでも述べますが、放射性物質は放射線という目に見えない光を〝放つ〟「花粉」のようなものです。あるいは、光を放つ蛍《ほたる》のイメージでもよいかもしれません。

花粉や蛍がビンの中に〝おさまって〟いれば、ビンから出る花粉をさえぎるこ

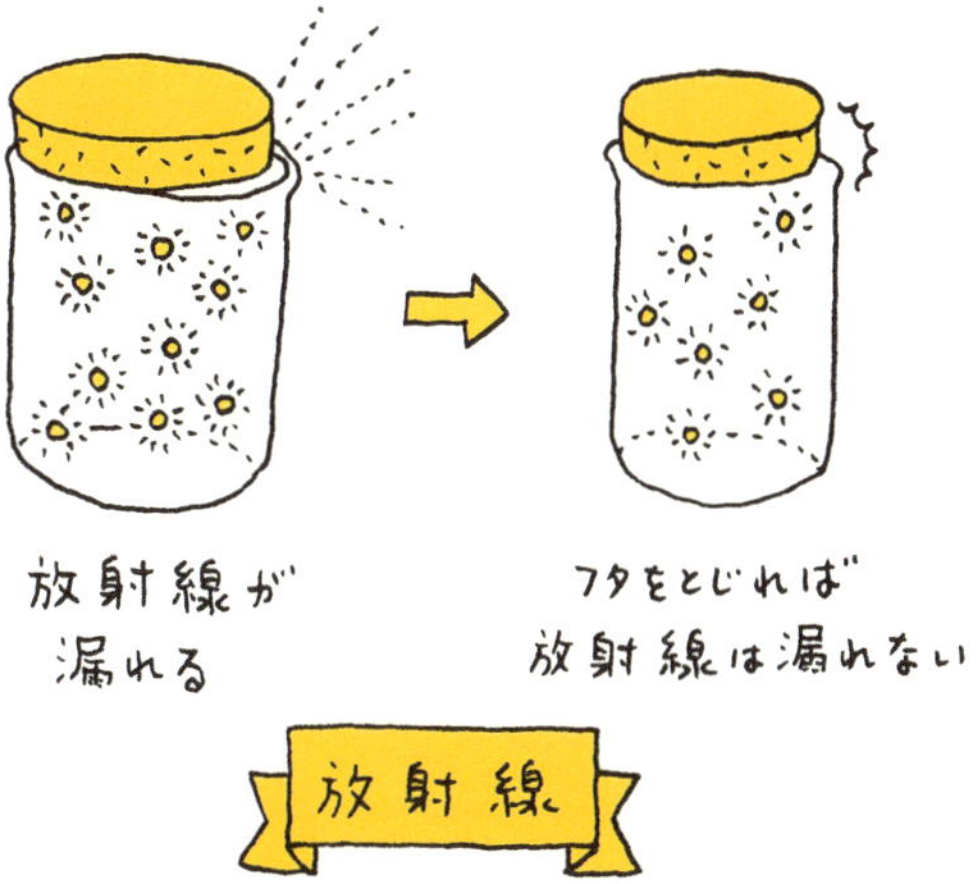
放射線が
漏れる
フタをとじれば
放射線は漏れない
放射線

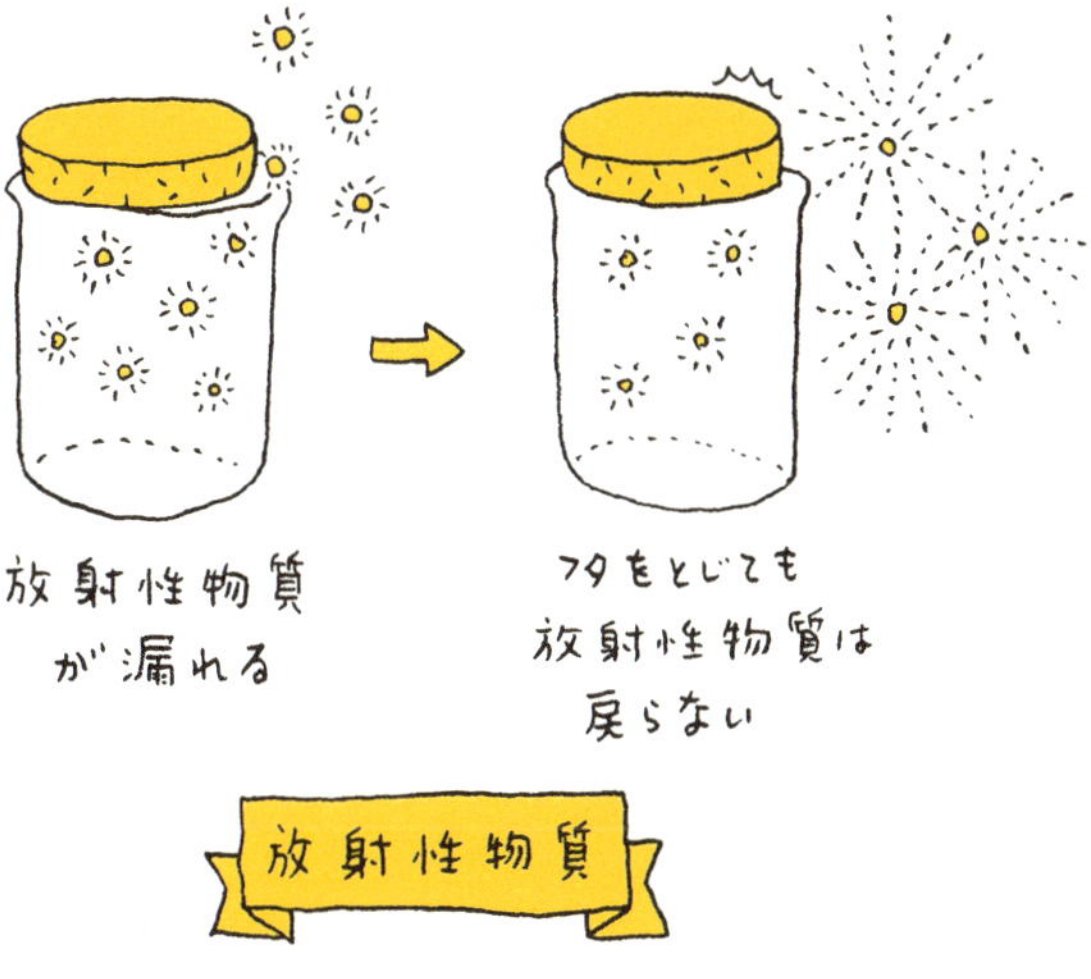
放射性物質
が漏れる
フタをとじても
放射性物質は
戻らない
放射性物質

とは簡単です。ビンのフタをしっかり締めたり、布をかけてしまえばよいわけです。しかし、放射性物質自体が漏れ出る（放出される）と大変です。ビンから花粉や蛍が出てしまうと、ほとんど元には戻らないのと同じです。

4
放射線・放射能・放射性物質
——ロウソクの話。

放射線・放射性物質・放射能の関係は、ロウソクにたとえてみるとわかりやすいと思います。ロウソクが「放射性物質」で、火がついている状態が「放射能あり」の状態です。そこから出てくる明かり（光）が「放射線」です。

（少し専門的になりますが、「放射性物質」は「安定していない状態の物質」なので、より安定な物質に変化しようとします。そのとき、エネルギーを放出します。これが「放射線」の正体です。安定した物質に変わってしまえば、それ以上放射線は出ません。）

時間が経つにつれて、ロウソクが短くなっていきますね。ロウソクが完全に燃え尽きれば、火も消えます。当たり前です。そして、火が消えれば、放射能もなくなり、放射線も出なくなくなります。

ロウソクが短くなっていくスピードは、ロウソクの種類ごとに異なります。同じように、放射性物質の種類によって「燃え尽きるまでの時間」が違います。ロウソク（放射性物質）の長さが半分になるまでにかかる時間を、「半減期」と呼びます。

たとえば、「半減期」が8日のロウソクは、8日で、半分の長さになります。さらに8日で、その半分の長さ（もとの4分の1）になり、さらに8日後（つまり約1か月後）には、その半分の長さ（もとの16分の1）になります。（2か月経つと最初の量の200分の1、3か月で1000分の1以下。）

ヨウ素131という放射性物質の半減期は、このロウソクと同じく8日です。しかし、セシウム134という放射性物質の半減期は約2年、ストロンチウム90

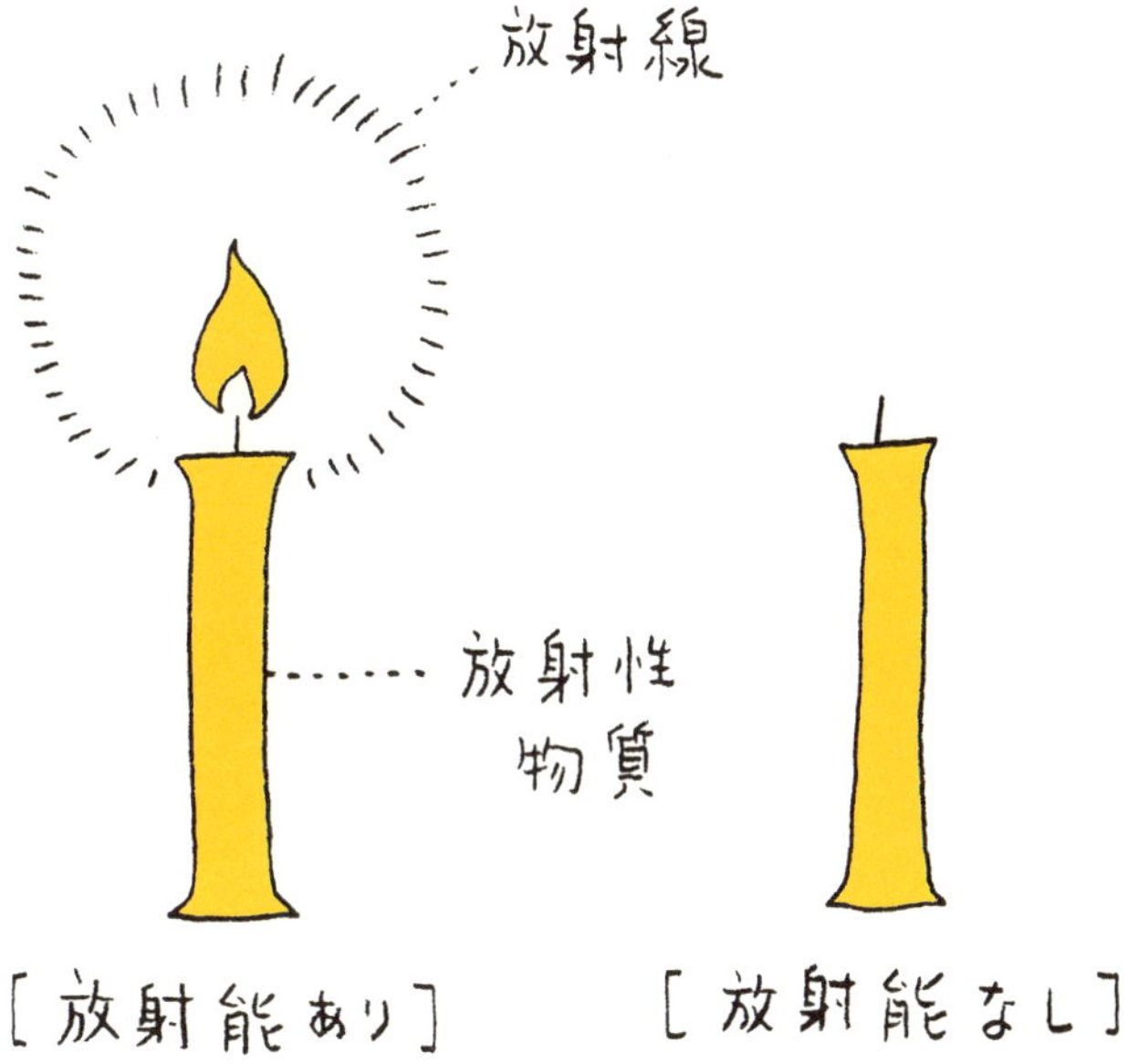
放射線
放射性
物質
[放射能あり]
[放射能なし]

の場合は約28年、そしてプルトニウム239の場合はなんと2万4千年です。
この半減期こそが、放射線対策にとって重要な意味を持ちます。

半減期の短いロウソクは「太く短く」燃えます。この場合、放射線は短期間で一気に出るため長続きしません。「はじめが肝心」の備えで事足りると言えます。

しかし、半減期の長いロウソクは「細く長く」燃えます。じわじわと時間をかけて放射線が出るので、「ずっと」注意が必要なのです。

5

「シーベルト」は放射線が人間の体に与える影響を示す単位。

放射線の量と強さを測るには、何を測るかによって、さまざまな単位が用いられます。その代表は「シーベルト（Sv）」です。

これは放射線をあびた（被ばくした）ときに、人間が受ける影響の強さを示しています。あびた放射線が強ければ強いほど、人間が受ける影響も強くなる。つまり、シーベルトの値も大きくなります。シーベルトという単位によって、いろいろな種類の放射線の影響を同じ尺度で比べることができるわけです。

たとえば、宇宙線・大気・地面・鉱物・食物など、自然界から受ける1年間の放射線の量は、世界平均で2400マイクロシーベルト（2・4ミリシーベルト）。胸部レントゲン撮影を1回受けると、約50マイクロシーベルト（0・05ミリシーベルト）。ニューヨーク－東京間を飛行機で移動すると、200マイクロシーベルト（0・2ミリシーベルト）の放射線を被ばくします。

人体への影響を考える場合、「100ミリシーベルト（mSv）」が一つの目安になります。広島・長崎の原爆などのデータからは、これより低いレベルでは、影響が現れたという証拠がないのです。ただし、「この量より少なければ安全、多ければ危険」ということではありません。たとえ100ミリシーベルトより多くてもメリットが大きければ受け入れてよい場合もありますし（たとえば放射線治療がこの場合に相当します）、100ミリシーベルトより少なくてもメリットが少なければ控える、というのが原則です。

放射線を測る単位には、他にベクレル（Bq）、グレイ（Gy）などがあります。

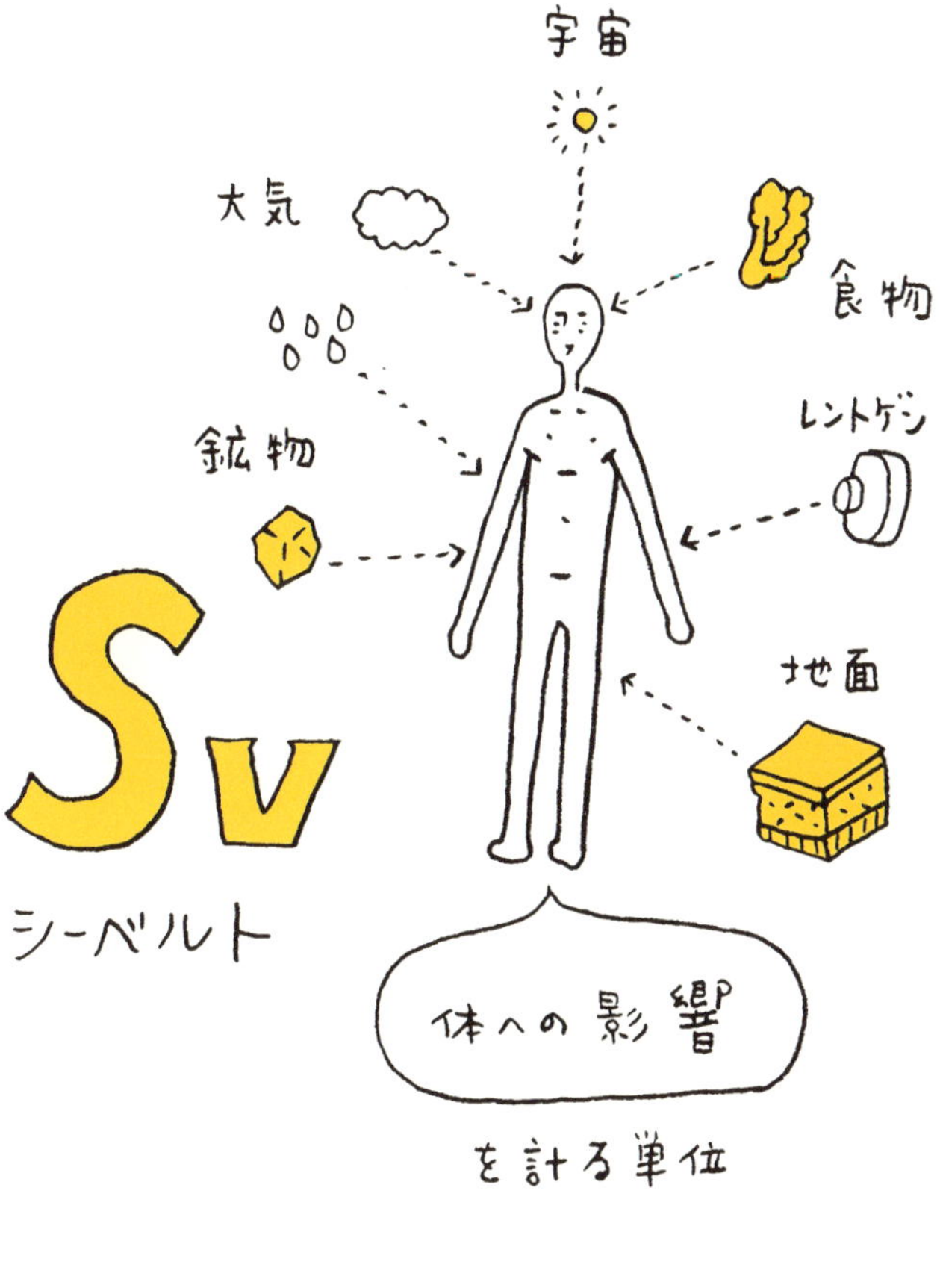
宇宙
大気
食物
鉱物
レントゲン
地面
Sv
シーベルト
体への影響
を計る単位

6

「ミリ」「マイクロ」は「千分の1」「百万分の1」を表します。

放射線の人体への影響（危険度）を示すのがシーベルト（Sv）という単位でした。1シーベルトというのは人体にはっきり有害な影響を及ぼす値です（4シーベルトを全身にあびると半数の人間が死亡します）。私たちに関係してくるのは、これよりもっと軽微な、1シーベルトの千分の1、百万分の1といったレベルなのですが、「0・000…」のように小数点以下に「0」がたくさん並んでしまうのは不便です。そこで、ミリ（m）やマイクロ（μ）といった接頭辞を単位（Sv）の前に置いて使います。

ミリシーベルト（mSv）と言えば千分の1シーベルト、マイクロシーベルト（μSv）と言えば百万分の1シーベルトです。

ふだんの生活で1ミリと言えば、1ミリメートル（mm）、つまり1メートルの千分の1。ここから連想できます。1ミリシーベルト（mSv）は千分の1シーベルト（Sv）です。

さらに、マイクロは百万分の1、つまり、千分の1のさらに千分の1を表す言葉です。つまり、1シーベルト＝千ミリシーベルト＝百万マイクロシーベルト（1 Sv = 1,000 mSv = 1,000,000 μSv）。

これらの数字をイメージするために、頭の中に1メートルのモノサシを思い浮かべてみてください。

1ミリメートルは1メートルの千分の1。とても短い。1マイクロメートルは、それをさらに千分の1にしたもの。もう見えないくらいの短さです。

つまり、1シーベルト（Sv）と1マイクロシーベルト（μSv）の放射線量では、雲泥《うんでい》の差（百万倍）があるのです（1万円札が100枚で100万円、この金額を1円玉で用意しようとすると、100万個必要になってたいへんです）。ちなみに「センチ」は百分の1を示す言葉です。

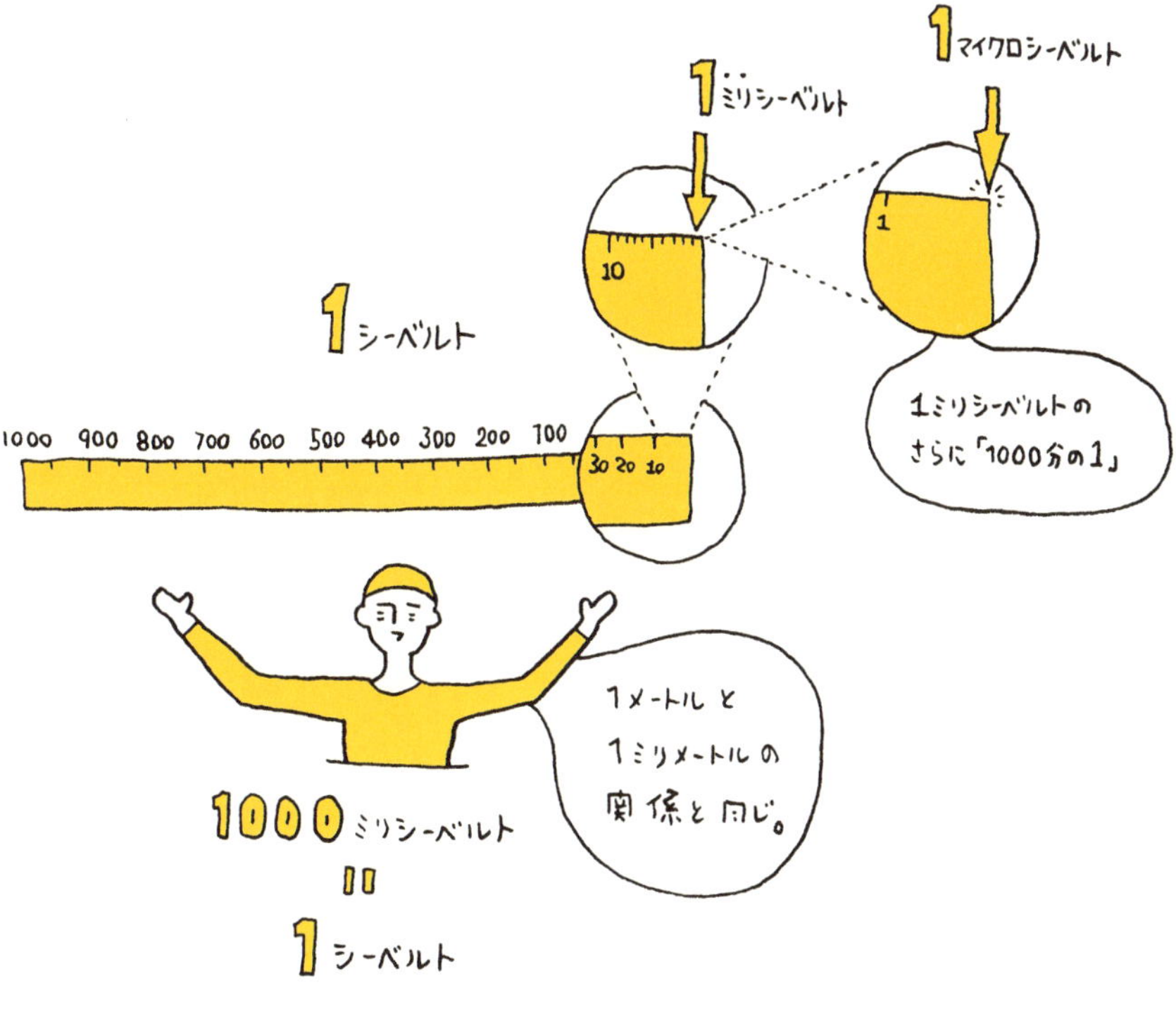

1マイクロシーベルト
1ミリシーベルト
1シーベルト
1000 900 800 700 600 500 400 300 200 100
30 20 10
10
1
1ミリシーベルトの
さらに「1000分の1」
1メートルと
1ミリメートルの
関係と同じ。
1000ミリシーベルト
=
1シーベルト

7

「シーベルト／シーベルト毎時」は「距離／速度」の関係。

10ミリシーベルト（mSv）という表現を見たり聞いたりしたときには、それが何の量を表しているか、注意が必要です。

だれでも知っている10キロメートル（km）の場合と同じこと。この10キロとは、距離なのかスピードなのか、その都度、判断しているはずです。同じ10でも、一方は距離、他方は速度。

それと同じことで、10ミリシーベルト（mSv）と聞いたときに、これは「ある時間あたりの放射線の人体への影響」（放射線の勢い・強さ）を示すのか、「ある期間で積算した放射線の人体への影響」を示すのか、区別が必要なのです。

たとえば、毎時10マイクロシーベルト（10μSv/h）――μSvはmSv（ミリシーベルト）の千分の1の量を示す単位でした――の放射線を3時間受けた場合、被ばくする総量は30マイクロシーベルトになる、ということです。

ちなみに、1日だったら1時間あたりの放射線量を24倍する（10μSv × 24 ＝ 240μSv）。その365倍で年間の放射線量がわかります。（240μSv×365＝87,600μSv）。このマイクロシーベルト単位の数字を、ミリシーベルトに換算すれば（数字を千分の1にして）、87・6ミリシーベルト（mSv）。

人体への影響は年間100ミリシーベルト（mSv）を目安に、と言われます（改めてご説明します）。これは正確には「積算値」のことです。「勢い・強さ」に換算すると、毎時（＝1時間あたり）11マイクロシーベルト（μSv）以上の放射線を、1年間ずっと被ばくし続けてはじめて、この量に達します（100μSv ÷ 365 ÷ 24 ≒

0.011 mSv = 11 μSv)。

新聞やテレビやインターネットにおいても、「シーベルト」と「シーベルト毎時」を混同しているケースがあるので、注意が必要です。

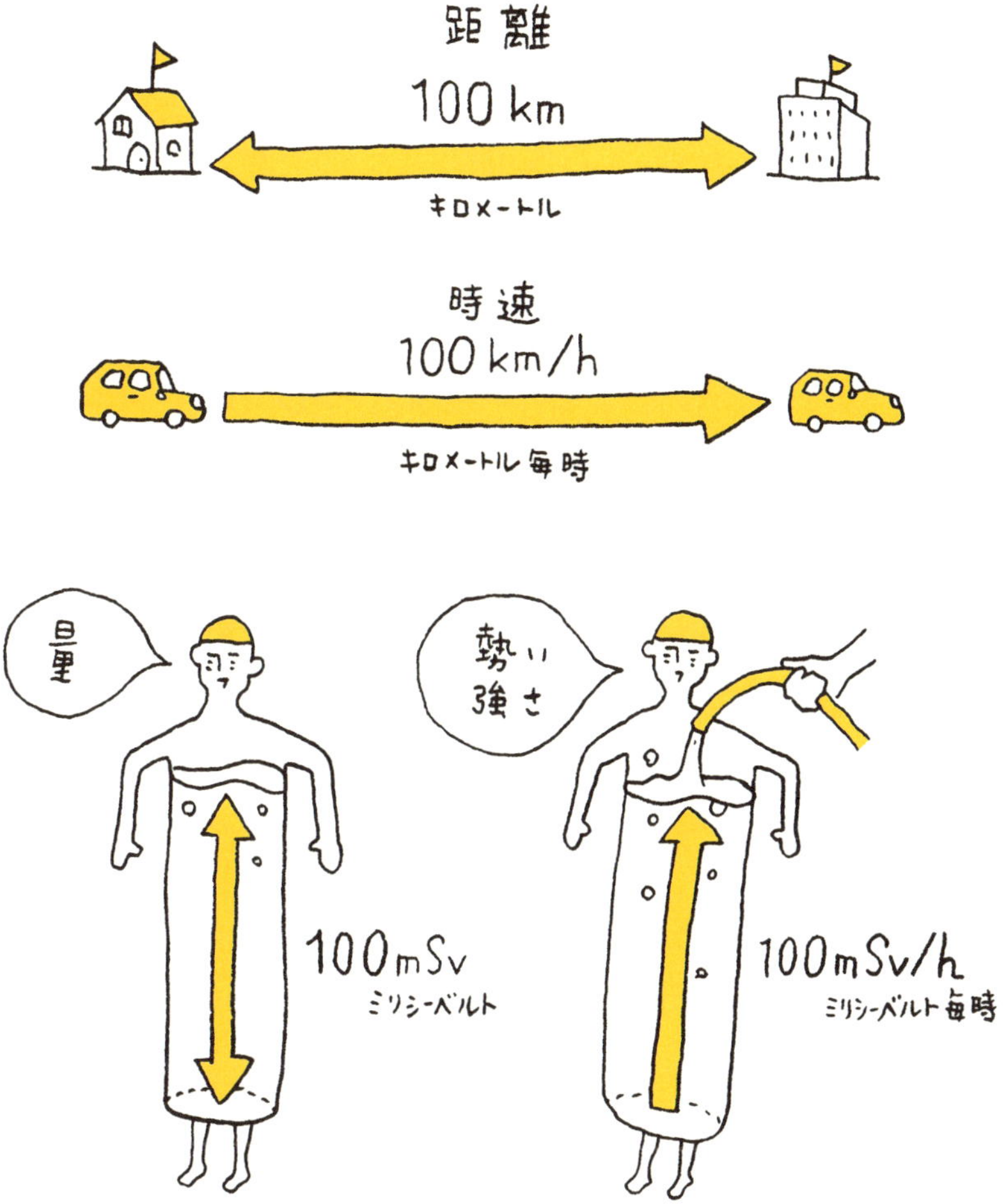
距離
100 km
キロメートル
時速
100 km/h
キロメートル毎時
量
100mSv
ミリシーベルト
勢い
強さ
100mSv/h
ミリシーベルト毎時

8

放射線の単位の使い分け
——ベクレルとグレイ。

シーベルト（Sv）は、「放射線の人体に対する影響（危険度）を表す単位」で、「被ばく量」を示します。他方、食品や水などに含まれる放射線の「放射能」の強さを示す場合には、ベクレル（Bq）という指標を用います。

ベクレルは、1秒間に何個の放射性物質が崩壊して、放射線が放出されるか（=放射性物質が、エネルギーを放出して別の物質になるか）を示しています。（別の物質になって安定すればもう放射線を出しません。）

食物に含まれる「放射能（ベクレル）」が、それを摂取する私たちにどれだけ「被ばく量（シーベルト）」を与えるかは、放射性物質の種類、取り込み方（吸引か経口か）、私たちの年齢などによって変わります。

もう一つの単位「グレイ（Gy）」は、物体に吸収された放射線の量を示します（1グレイとは、1キログラムの物体が放射線から受けたエネルギー、1ジュール＝約0・24カロリーのこと）。

大まかに言えば、「シーベルト」は人体に対する影響（危険度）、「ベクレル」はある物が持つ放射能の強さ、「グレイ」は物が受ける放射線の量を示します。

雨にたとえてみます。雨雲（放射線物質に相当）から何粒の雨（放射線に相当）が降るか、それが「ベクレル」です。雨粒がどれくらい地上に落ちたか（降水量）を示すのが「グレイ」です。そして、雨粒によってどれくらい濡れたかを表すのが「シーベルト」です。

ちなみに、人間の体の中には常に、空気や食べ物から取り込んだ放射性物質があります。たとえば、野菜や果物などには天然の放射性カリウムが含まれており、それらを食べることによって、成人男性の体内には約4000ベクレルの量が常時存在しています。

被ばく量に換算すると、1年で、食物から0・29ミリシーベルトとなります。また、大気を呼吸することからも1・26ミリシーベルトの内部被ばくをしています（世界平均値）。

Bq
ベクレル
雨粒の量
をあらわす
Sv シーベルト
人が雨粒で濡れた量
をあらわす
Gy グレイ
地上に落ちた
雨粒の量をあらわす

9
放射線が変われば、人体への影響に違いが出てきます。

ここで、放射線の基本に立ち返ってみます。（やや込み入った話になりますので、読み飛ばしていただいてもかまいません。）

一口に「放射線」といっても、そこにはアルファ線（α線）、ベータ線（β線）、ガンマ線（γ線）、中性子線など、たくさんの種類があるのをみなさんはご存知でしょうか。種類が違えば、性質も異なり、人体に与える影響も違います。

性質の違いは、透過力（物質を突き抜ける力）の違いに現れます。アルファ線（α

線）は薄い紙1枚で防げるくらい透過力が弱い放射線です。他方、ガンマ線（γ線）はアルミ板ならやすやすと貫通してしまいます。レントゲンで体内の写真がとれるのも、ガンマ線が人体をすり抜けるからです。

しかし、透過力が低いからといって、安全なわけではありません。たとえば、アルファ線（α線）が体内に入ったときには、ベータ線（β線）やガンマ線（γ線）より、人間に対する毒性が20倍も強いのです（放射線荷重《かじゅう》係数：放射線の違いによる身体への影響についての尺度）。言ってみれば、ベータ線・ガンマ線とアルファ線の違いはアルコールと青酸カリみたいなもの。

アルファ線を出す放射性物質にはプルトニウムやウランなどがあります。ただ、プルトニウムは重い物質なので、花粉のように風に運ばれて飛んでくるということはありませんし、水にも溶けにくいものです。

放射性物質が変われば、そこから出る（主な）放射線の種類も変わる。そして、放射線の種類によって、人体への影響が異なる。このことは覚えておいていいかもしれません。

ちなみに、1950～60年代には、大気圏核実験が盛んに行われました。プルトニウムなど、大量の放射性物質が成層圏《せいそうけん》まで吹き上げられ、(世界中で)地表に降り注ぎました。当時の放射線量は現在の千倍近くになります。

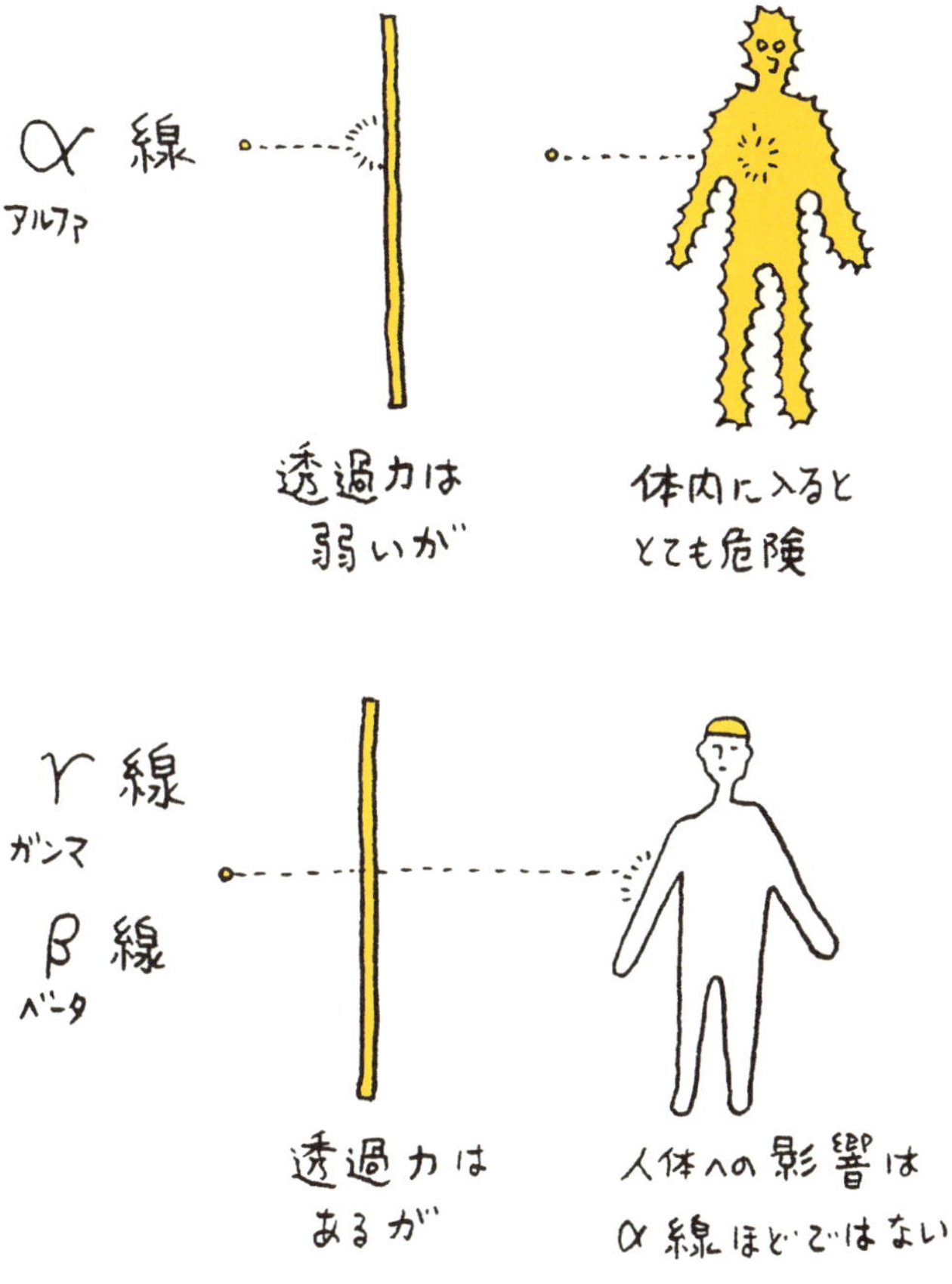
α線
アルファ
透過力は
弱いが
体内に入ると
とても危険
γ線
ガンマ
β線
ベータ
透過力は
あるが
人体への影響は
α線ほどではない

10

100〜150ミリシーベルト（積算）がリスク判断の基準です。

放射線の人体への影響として、第一に「発がん」があげられますが、放射線によるがんと放射線以外の原因によるがんを、症状で区別することはできません。放射線ががんを引き起こすかどうかを知るためには、放射線を受けた集団と、放射線を受けなかった集団、この二つの集団を比べて、発がん率の違いを調べるのです。

原爆を投下され大きな被害を受けた広島・長崎の被爆者を長年調査した結果、

だいたい100～150ミリシーベルトを超えると、放射線を受けた集団の発がん率が高くなることがわかっています。裏を返せば、100ミリシーベルト以下では、発がん率が上昇するという証拠がないのです。

がんはさまざまな原因で起こります。細胞分裂の際のコピーミスが基本なので、放射線のみならず、老化、タバコやお酒、ストレス、不規則な生活習慣でも起こります。

100ミリシーベルトの放射線を受けた場合、放射線によるがんが原因で死亡するリスクは最大に見積もって、0・5％程度と考えられています。

現在、高齢化の影響もあり、日本人の2人に1人は（生涯のどこかで）がんになり、3人に1人はがんで亡くなっています。つまり、がんで死亡する確率は（だれにとっても）33・3％です。放射線を100ミリシーベルト受けると、これが33・8％になることを意味します。

比喩を使って説明します。人口1000人の村があれば、そのうち333人は、放射線がなくても、がんで死亡します。この村の全員が100ミリシーベルトの放射線を被ばくすると、がんで死亡する人数が、338人になるだろう、ということです。（現実には、増加は5人以下だと思われますが。）

ところで、発がんのリスクは、実はタバコのほうがずっと大きいのです。日本人の場合、タバコを吸うとがんで死亡する危険が、吸わない場合より、1・6～2・0倍になります（国立がん研究センター がん予防・検診研究センター 予防研究部）。

一方、2シーベルト（2000ミリシーベルト）もあびないと、がん死亡のリスクは2倍にはなりません。タバコの発がんリスクは、放射線被ばくとは比べものにならないほど高いのです。

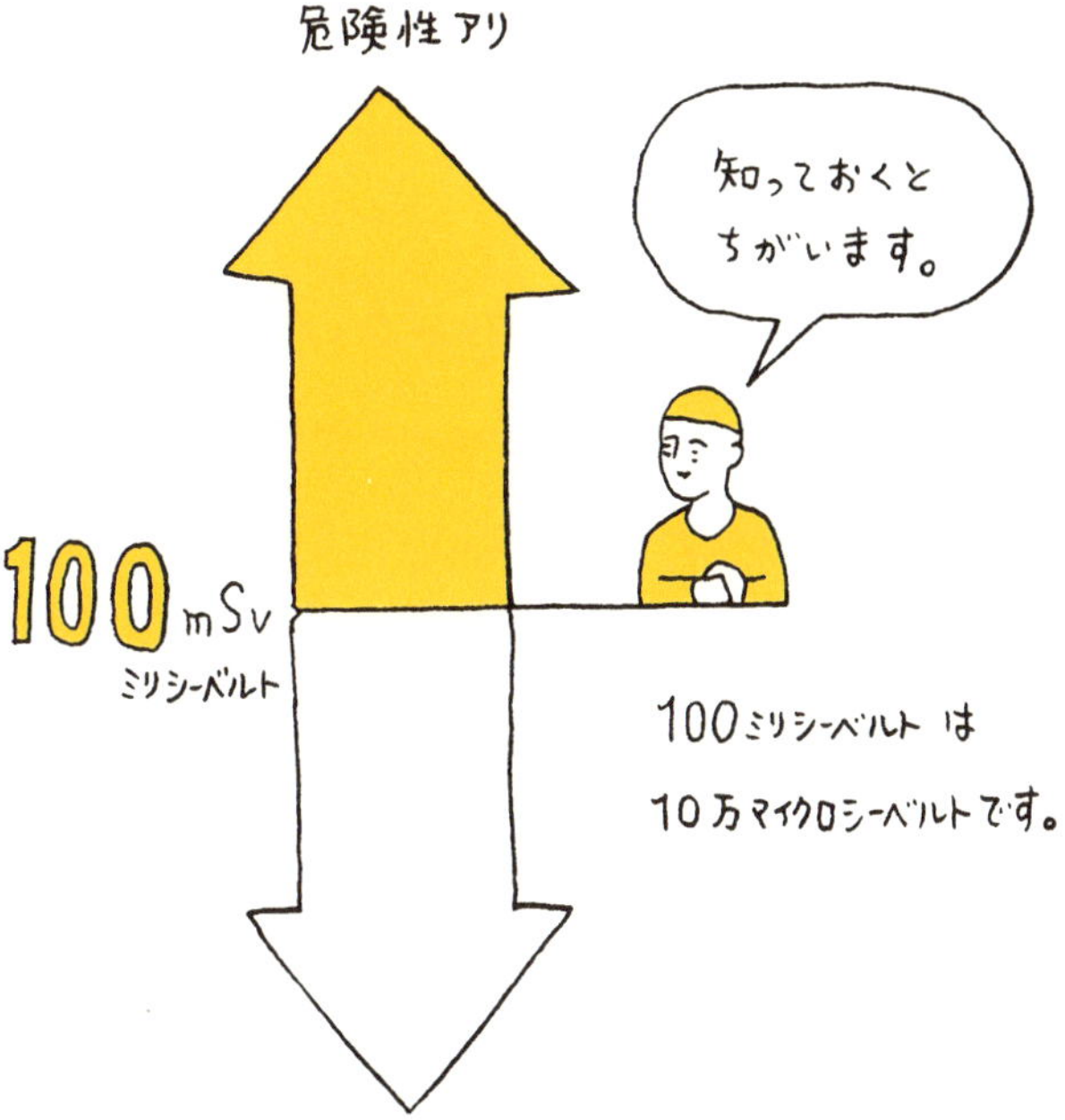
危険性アリ
知っておくとちがいます。
100mSv
ミリシーベルト
100ミリシーベルトは
10万マイクロシーベルトです。
危険性ナシ

第二章

放射線を「正しく怖がる」

11

放射線は身の回りにあります。

放射線は、今回、福島原発の事故で急に注目されることになりました。もともと目に見えず無味無臭なので、知らなかったという方も多いかもしれませんが、実は、福島原発の事故とは無関係に、私たちはだれでも毎日「被ばく」しています。

宇宙線（これこそ放射線です）は、地球誕生以来現在まで、いつも地球に降り注いでいます。放射性物質は地球の大気にも食物にも鉱物（ウランやトリウム）にも含まれているし、私たち人間の体にもかなりの量の放射性物質が含まれているのです。これら自然環境からの放射線による被ばくを「自然被ばく」と言います。

日本の自然放射線は、他の地域と比べると多くありません。世界平均が年間2・4ミリシーベルト、日本の平均は年間約1・5ミリシーベルトです。ただし、地域差があります。平均して西日本は東日本の1・5倍。放射性物質を多く含む花崗岩《かこう》が多いからです。関東平野では、火山灰地（関東ローム層）で大地からの放射線が"遮蔽"される点もあります。

富士山の山頂では大気（=自然の防護膜）が薄くなるため、宇宙からの放射線の量は平地の5倍もあります。さらに宇宙空間では、はるかに多くの放射線が飛び交っています。宇宙空間では、1日に約1ミリシーベルトの被ばくをします。日本の年間自然被ばくの3分の2を1日に受ける計算になります。宇宙飛行士が半年くらいで地上に帰還するのは、放射線量が限度を超えて、健康被害が問題になるからです。（半年で、約180ミリシーベルトとなり、福島第一原発の作業者の最大被ばく並。）

ちなみに、南インドのケララ州では、年間の自然放射線量（屋外）が、平均4

ミリシーベルト、高いところでは70ミリシーベルト（！）を超えます。これは、トリウムを含む鉱石の〝モナザイト〟が多いからです。しかし、鹿児島大学などによる疫学調査の結果でも、この地域でとくにがんが増えてはいません（*Health Phys*. 2009 Jan;96(1):55–66)。

食べ物や飲み物を通して体内に取り込んでしまう放射性物質――「内部被ばく」と言います――も見逃せません。たとえばカリウムは人間に必須の栄養素で、体重60キログラムの人の体には常時200グラムが存在していますが、その中にはわずかに天然の放射性カリウムが含まれているのです（0・012％）。

そのため、成人男性の体内には約4000ベクレルの放射性カリウムが常時存在しています。被ばく量に換算すると、1年で、食物から0・29ミリシーベルトの〝内部被ばく〟を受けていることになります。

空からも
いつもある。
食物からも
地面からも

12

放射線は、ありなし（黒白）ではなく、強さと量が問題です。

放射線は「あるか／ないか」ではなく、その強さ（勢い）と量（積算量）が問題です。風呂にお湯をためることにたとえると、蛇口からバスタブに注ぎ込むお湯の勢いが「毎時○シーベルト（Sv/h）」、バスタブにたまったお湯の量が「△シーベルト（Sv）」に相当します。

熱いお湯を一気にためたお風呂に手を入れると火傷《やけど》するが、お湯をポタポタとゆっくりためればいい湯加減になる。それと同じで、たとえば、500ミリシー

明日、死んでしまう可能性が
全く「無」い人
少しでも「有」る人

ベルトの放射線を一度に（勢いよく）全身に受けると、白血球が減少します。しかし、1日あたり1ミリシーベルトの放射線を、500日かけて受ける場合は、白血球は減りません。積算量は同じ500ミリシーベルトでも、放射線をあびる期間の長短によって影響が違ってきます。

人間は一度に200グラムの食塩を摂取すると、50％の確率で死亡します。しかし、厚生労働省が日本人の塩分摂取量の目安を1日10グラムとしているように、同じ200グラムの食塩でも、1日10グラムを20日に分けて摂るなら問題ありません。代謝によって塩がその都度、体外に排泄《はいせつ》されるからです。放射性物質の場合もこれと似ています。

毎時1マイクロシーベルトの被ばくが続くと、積算して11・4年で100ミリシーベルトに達します。これは短時間であれば、人体に悪影響が出始める数値です。しかし、毎時1マイクロシーベルトという積算速度では、傷つけられたDNAが回復するなどの仕組みによって、医学的にほとんど影響がないと言えるのです。

13

放射線をあびる「範囲」も大事です
——局所被ばくと全身被ばく。

放射線をあびる「強さ・勢い」だけでなく、吸収する「範囲」によっても、放射線の人体への影響に、大きな違いが出てきます。

火にあたると、全身が温かくなります。これが行き過ぎると、全身火傷です。空中を飛んでいる放射線を全身にあびるのは、これと同じ状況です。これを「全身被ばく」と言います。

他方、熱いお湯に足を突っ込んだ場合、火傷は足だけになります。この場合、湯気のせいで少しは全身に影響があるかもしれませんが、ひどいダメージは局所的です。これが「局所被ばく」です。

火傷の程度が同じでも（つまり、同じ量の放射線を被ばくするとしても）、全身に負った火傷なのか、それとも局所だけだったのかによって、影響は異なります。火傷の面積によって影響が違う、ということから、直感的におわかりいただけると思います。

「局所被ばく」の程度は、人体の「組織ごと」に被ばくした線量をシーベルト（Sv）で表します。（専門用語で「等価線量《とうかせんりょう》」と言います。）たとえば、甲状腺《こうじょうせん》に対する被ばくを考える場合には、この「等価線量」が使われます。被ばくした線量に、放射線の種類による影響を加味した数値になります。

「全身被ばく」は、人体「全体」へのダメージの程度を同じくシーベルトで表します。（専門用語で「実効線量《じっこうせんりょう》」と言います。）臓器ごとの放射線の影響を加味した、体全体に対する影響を表す放射線量です。

一匹のアリに
かまれても平気

全身を
かまれると危険

これまで本書で「被ばく量」と表現してきたのは、この「全身被ばく」（実効線量）に相当します。

２０１１年３月24日に、福島第一原発の作業員３名が足に大量の放射線（2～3シーベルト）をあびたと報じられました。（作業員の方々は３月28日に無事退院されました。）

しかし、より正確には「（局所的な）皮膚の等価線量が２～３シーベルト（Sv）である」と記述すべきでしょう。同じ線量を体全体にあびていたら致命的な影響が出ていたはずです。

今後ニュースで「何ミリシーベルト」などと聞こえたときには、それが「局所被ばく」（等価線量）を意味しているものなのか、それとも「全身被ばく」（実効線量）を意味しているものなのか、ぜひ注意を払っていただければと思います。

14

放射線の影響は、「花粉」をイメージするとわかりやすい。

放射線は目に見えず、無味無臭です。そこで、放射線を「目に見える」ものにするために、「花粉」のイメージを借りることにします。この場合の花粉は、放射線という「光」を出す特殊な花粉です（放射性物質の比喩）。

原発は、杉の巨木にたとえられます。杉の木には、厖大《ぼうだい》な花粉があって、そこから大量の花粉が飛び散っています。普段は花粉が飛び散らないように厳重に管理しているのですが、問題になるのは、今回の福島原発事故のように、花粉が周囲に飛び散ってくる場合。この「花粉」から放射線が出ているからです。

まず、杉のすぐ近くでは、飛散する前の大量の花粉からの放射線で近づくことができません。これは、原発作業者が困っている状況を表します。

杉の木から離れていても、飛散してきた花粉（放射性物質）は体に付着し、あるいは呼吸を介して、また、食物を介して体内に入ってきます。花粉が少量であれば〝花粉症〟を発症せずにすみますが、何年か花粉を吸い続け、人間の体内で抗原抗体反応が激しくなって、ある「しきい値」を超えると、ついにアレルギー症状が出てくるのです。

衣類や皮膚に付着した放射性物質から放射線をあびることを「外部被ばく」と言います。他方、呼吸や食事を介して体内に放射性物質が入り、しかも、排泄や汗などによって排出しきれない場合、体の内側から放射線をあびることになります。これを「内部被ばく」と言います。

外部被ばくよりも、内部被ばくのほうが事態は複雑です。体についた花粉（放

洗えば流せる
洗い流しにくい
外部被ばく
内部被ばく

射性物質）は払えば落とせるし、洗い流せるのに対して、体内に入った花粉はなかなか落とせないからです。また、内部被ばくでは、放射線の量の測定がむずかしいという問題もあります。

15

「花粉」と同じで、放射線の量と飛ぶ方向が大事。

花粉（放射性物質）の影響は花粉の飛び方でまったく違ってきます。

巨大な杉林の至近距離（原子力発電所の至近距離）にいれば、花粉（放射性物質）の影響をもろに受けるので、そこから避難するのが一番です。どの段階で、どの程度の距離、どの方角に避難すればよいかは、その時々の、花粉（放射性物質）が飛散する量と方向と種類によります。

杉林から遠く離れた人々（つまり、私たちのほとんど）に影響があるのは、風に乗って運ばれてくる花粉によるものです。花粉が風に乗って運ばれてくるように、放射性物質も風に乗って飛散し、拡散します。そして、雨に溶けて降り注ぎます。海中（水中）に放出されれば、やはり拡散しながら移動します。

ただし、大気中にしろ海水中にしろ、一気に拡散することはなく、放出された放射性物質はしばらく、〝かたまり〟（プルーム）になって移動します。

ですから花粉の飛ぶ方向、つまり風向きが重要です。3月15日に福島原発から大量に放出された放射性物質が、原発から30キロ圏外の福島県飯舘村《いいたてむら》や福島市など、福島原発の北西方向に運ばれていったこと、その結果放射線量が高くなっていることがすでにわかっています。いつもは海に向かう風が、この日に限って、北西向きだったのです。この偶然が、飯舘村が避難を強いられている理由です。

放射性物質は必ずしも同心円状に広がるわけではありません。一般に距離が大きくなれば放射性物質の影響は減少しますが、風向きや風力、地形、降雨などで変わってきますので、定点観測（モニタリング）による監視が重要なのです。

16

放射線の防護対策は「花粉症対策」に似ています。

花粉のたとえを続けます。花粉(放射線を出す放射性物質)を避けることが、被ばくを避けることです。放射線から身を守るのは、花粉症対策と基本的に同じことです。

杉林の比較的近くに住み、花粉症に悩んでいる人にとって、マスクをし、窓を閉め、エアコンを止める(戸外との空気の流れを減らす)ことには、ある程度効果があるでしょう。

戸外と比べれば、コンクリートの建物内では、放射線は5分の1以下に軽減さ

止める
5
1
1/5 以下に
しめる

れます。（木造家屋の場合は、被ばく量が10分の1減少。）

外出中に衣服や皮膚や毛髪についてしまった花粉（放射線で言えば「外部被ばく」）は、服についた花粉を払ったり、シャワーをあびたりすることで、洗い流すことができます。心配ならば、なるべく家の中に花粉を入れないように、戸外で上着を脱ぐのも効果があります。

しかし、空気や水、食べ物を通じて、体の中に入ってしまった花粉（これが放射線の「内部被ばく」）は、洗い落とせません。花粉がなるべく体の中に入らないように注意するしかないのです。体の中に花粉が入ってしまうと、排出されるまでに時間がかかり放射線の影響もしばらく続きます。

もし、あなたの居住地域の放射線量が高い場合、外から帰ったら、服を着替え、シャワーをあび、うがいをしましょう。食べ物にはラップをかけておき、野菜や果物は食べる前に洗いましょう。外に出るときには、濡れたタオルで口や鼻をふさぐと安心です。

17

38億年間、生物は放射線の中で生きてきました。

放射線が生命に影響を与える仕組みの鍵は、遺伝子＝ＤＮＡです。ＤＮＡは、ヒモのような形をしていますが（二重らせん構造）、放射線は、このヒモを切断するのです。

紫外線で日焼けなどの皮膚障害が起こりますが、これは、皮膚表面の細胞のＤＮＡに切断が起こるためです。紫外線は体の奥には達しませんが、放射線は、透過力が強いため、体の深部にある臓器の細胞のＤＮＡにも切断を引き起こします。

　しかし、私たちの細胞は、放射線によるダメージに「慣れて」います。そもそも、生命が地球上に誕生した38億年前から、私たちの祖先はずっと放射線をあび続けてきました。放射線によるＤＮＡの切断は、突然変異を誘発する原因の一つですが、突然変異が起こらなければ進化が起こりません。自然放射線の存在は、進化の原動力とも言えるかもしれません。

　しかし、重要な遺伝子にキズがつくと細胞は生きていけませんから、細胞はＤＮＡのキズを「修復」する能力を身につけています。遺伝子の修復ができる種が、自然淘汰の中で生き残ってきました。

　自然被ばくのレベルから放射線量が増えても、私たちの細胞には、遺伝子のキズを治す機能が備わっていますから、散発的に遺伝子が切れた場合には、余裕を持って対応できます。

　しかし、大量の被ばくになると、「同時多発的」にＤＮＡの切断が発生するた

3,800,000,000年
38億年間放射線の中を
生き抜いてきた生物

め、修復が間に合わなくなり、細胞は死に始めます。（放射線に被ばくしなくても、
私たちの体では、毎日たくさんの細胞が死んでいます。約6000億個とも言われます。
この分を補うのが細胞分裂です。）

18

放射線により遺伝子がキズを受ける
——確率的影響。

放射線がカラダに与える影響には、二つのタイプがあります。「確率的影響」と「確定的影響」です。「確率的影響」は「発がん」のことを指します。放射線による発がんは、遺伝子が放射線によりキズを受けることによって、がんの発生を招くことが原因と考えられています。

厳密に言えば、遺伝的影響（子孫に対する影響）も、確率的影響に含まれます。しかし、遺伝的影響は動物実験で認められたことがあるものの、原爆の被爆者を中心とした長年の詳細な研究にもかかわらず、ヒトでは認められたことがありません。

「確率的影響」＝「発がん」が起こる確率は、ごくわずかな量の被ばくであっても上昇し、被ばくした放射線の量に応じて増加するとされています。これ以下の線量ならば大丈夫という境目＝しきい値（閾値）はないことになりますが、これはたった一つの細胞の異常（遺伝子の変化）であっても、それががんになる可能性を否定できないからです。

しかし、100〜150ミリシーベルト未満の放射線被ばく（全身被ばくの積算）では、発がんの確率が増すかどうか、はっきりした証拠はありません。

国際放射線防護委員会（ICRP）などでは、実効線量で100ミリシーベルト未満でも、線量に従って、一定の割合で発がんが増加するという「考え方」を〝念のため〟採用しています。

これは、100ミリシーベルト以下でも発がんリスクが増えると考える方が、被ばくが想定される人々にとって「より安全」であるという理由によるものです。

たとえば、

宝くじが当たるかどうかは
わからないが、たくさんの
宝くじを買えば買うほど
当たる確率は高くなる

＝

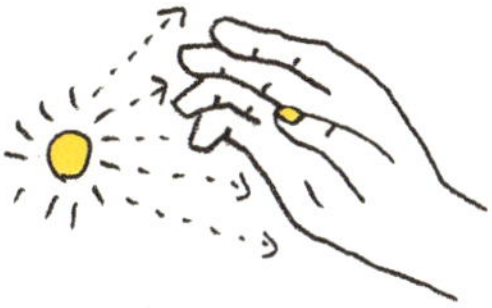

放射線をあびてガンに
なるかどうかはわからないが、
たくさんの放射線をあびるほど
ガンになる確率は高くなる

確率的影響

19

放射線のダメージで細胞が死ぬ

——確定的影響。

もう一つ、「確率的影響」と区別しなければならない、生物に対する放射線の影響があります。「確定的影響」です。こちらは、髪の毛が抜けたり、白血球が減ったり、生殖機能が失われたりするものです。

この「確定的影響」は、放射線で細胞が死ぬことによって起こります。逆に、（確率的影響である）発がんは、死なずに生き残った細胞に対する影響と言えます。

人間の場合では、遺伝的影響（子孫への影響）は広島・長崎では観察されていませんので、「発がん」以外の影響は、確定的影響だと考えてよいことになります。

放射線のダメージを受けて死亡する細胞が増え、生き残った細胞が、死んだ細胞を補えなくなる放射線の量が「しきい値（閾値）」です。放射線の量が、しきい値に達すると障害が現れますが、それ以下であれば大丈夫というわけです。

わずかな量の放射線をあびても発生する「確率的影響」と、ある程度の放射線をあびないと発生しない「確定的影響」（脱毛、白血球の減少、生殖機能の喪失など）は、区別して考える必要があるのです。

3月24日、3人の作業者の方が、足の皮膚に等価線量（局所被ばく）として2〜3シーベルト（＝2〜3千ミリシーベルト＝2〜3百万マイクロシーベルト）の放射線をあびたと報じられました。3シーベルト以下であれば、皮膚の症状（放射線皮膚炎）はまず見られません。しきい値に達しないからです。

実効線量（全身被ばく）で、少なくとも250ミリシーベルトを超えないと白血球も減りません。この線量が、すべての「確定的影響」のしきい値です。これより低い線量では、確定的影響は現れません。（男性の場合、100ミリシーベルトで、一時的な精子数の減少が見られます。ただし、子供に対する奇形などの遺伝的影響は、広島・長崎でも、見られていません。）

そして、私たち一般市民が実効線量で250ミリシーベルトといった大量の被ばくをすることは、まず想定できないのです。私たちが心配すべきは「確率的影響」、つまり、発がんリスクのわずかな上昇です。その他のことは、問題になりません。もう一度申し上げますが、私たちが「心配する対象」は、「放射線でがんが増える」ことです。

たとえば、

250万円あれば
1株買って、ビジネスになる。
でも250万円なければ
1株も買えない。

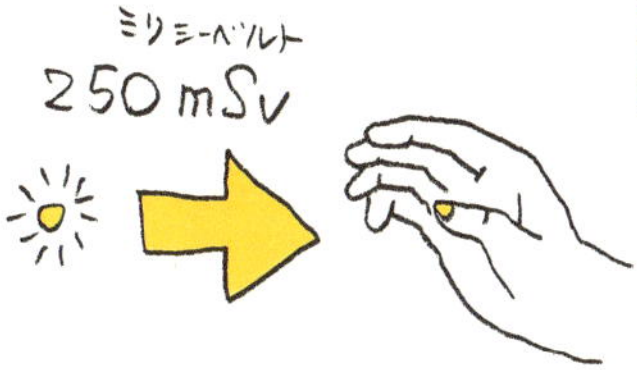

250ミリシーベルトの放射線を
あびると人体に影響が出る。
でも250ミリシーベルトをあびなければ
人体に影響は出ない。

確定的影響

20

発がんの仕組みについて
――細胞のコピーミス。

私たちの体は約60兆個の細胞からできています。そのうち、およそ1％程度の細胞が毎日死にます。髪の毛が抜けるのも、皮膚が垢《あか》となってはがれるのも、細胞の死です。その数は、なんと毎日6000億個にものぼると言われます。そのため、減った（死んだ）細胞を細胞分裂することで補っているのです。

細胞分裂では、細胞の〝設計図〟である遺伝子（DNA）をそっくりコピーする必要がありますが、人間のやることなので、ときどきミスを犯してしまいます。

このコピーミスが遺伝子の突然変異です。コピーミスを起こす原因としては、タバコや化学物質やストレスや老化などがありますが、放射線の影響もその一つです。

突然変異を起こした細胞のうち、ごくまれに、「死なない」細胞が生まれてしまいます。そして止めどなく分裂を繰り返し大きくなっていきます。この「死ない細胞」が、がん細胞なのです。

がん細胞自体は、毎日たくさん発生しますが、免疫細胞が、水際で殺してくれています。しかし、がん細胞は、もともとは自分の細胞ですから、免疫にとっては異物と認識できにくいのでやっかいです。

ある日、免疫細胞の攻撃をくぐり抜けて、ひっそりと生き残ったがん細胞が分裂を重ねて大きくなっていきます。たった一つのがん細胞が検査でわかるほど大きくなるには（約1センチくらいになるには）、10年から20年かかります。

高齢になると遺伝子にキズが積み重なって、がん細胞ができやすくなる上、免疲力も低下しますので、がんができやすくなります。がんは老化の一種なのです。

がん細胞は、コントロールを失った暴走機関車のようなものなので、どんどん増殖します。患者さんから栄養を奪い取りながら、自分が生まれた臓器から他の臓器へと（血管などを通って）領地を拡大していきます（これが転移）。

がんが進行すると栄養不足を起こすだけでなく、塊《かたまり》となったがんによって臓器が圧迫を受けたり、がんが原因で炎症が起こったりします。

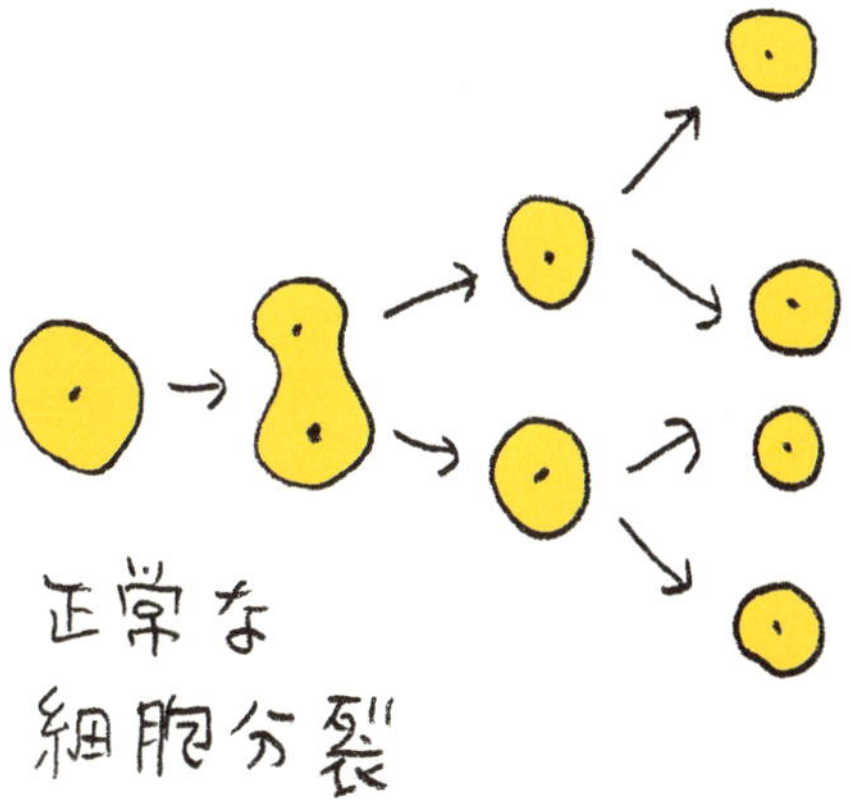
正常な
細胞分裂

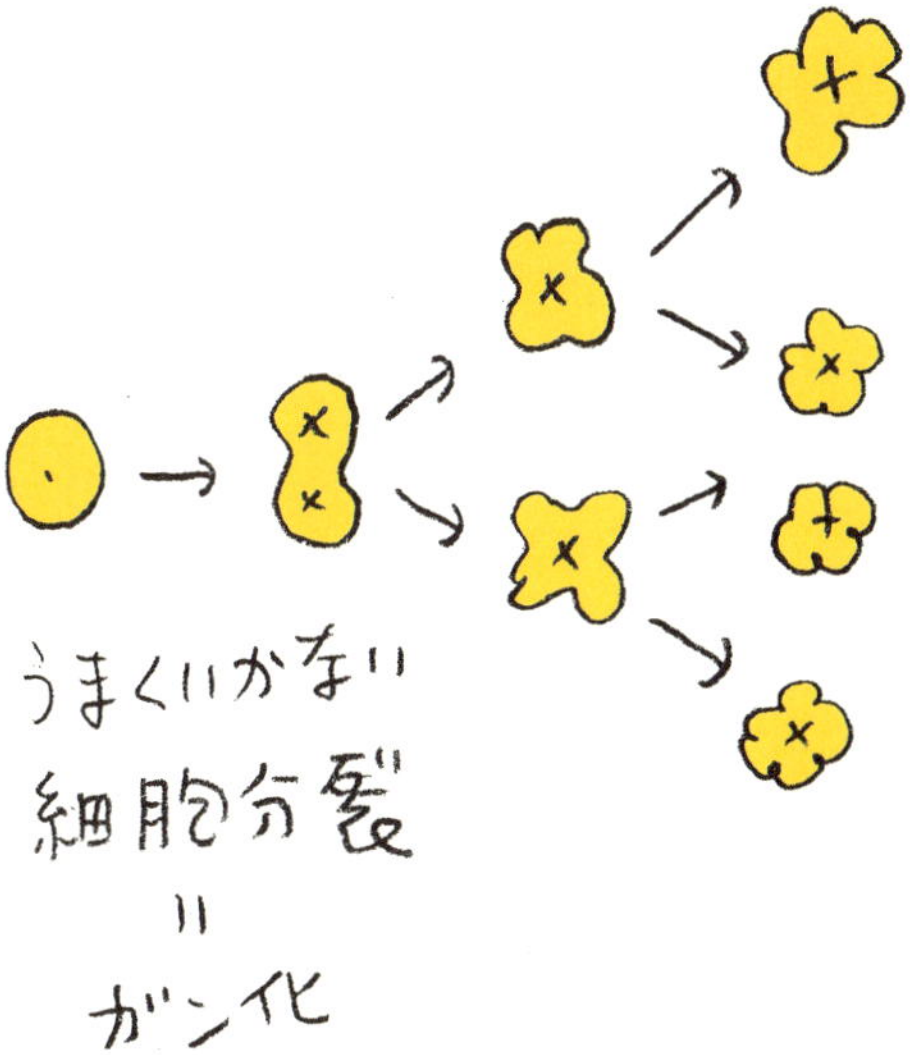
うまくいかない
細胞分裂
＝
ガン化

第三章

ニュースから読み取るポイント

21 「いつ・どこで・どんなものが・どの期間」に注目する。

福島第一原子力発電所の事故以来、ニュースでは、

――「浄水場の水から、乳児の摂取量の上限となる暫定基準値を上回る量の放射性ヨウ素が検出」

――「海水の放射性物質、基準上回る。ヨウ素131の濃度は、今月2日に基準値の750万倍」

といった表現をひんぱんに目にするようになりました。（ただし安全を見越して、

基準値自体が低い値に設定されていますから、「○○倍」という言い方も若干問題かもしれません。)

放射線の人体への影響を考えるには、「いつ・どこで・どんなものが・どの期間」に検出されたのか、を確認することが大事です。

まず、「いつ」か。放射線防護の観点から、平時と緊急時が区別されます。(平時は「平常、通常」の意味で「戦時」の対語です。)

平時においては、一般公衆の年間放射線量限度は1ミリシーベルト(mSv)。原発の作業員を含む、放射線作業従事者は年間50ミリシーベルトかつ5年間で100ミリシーベルト、緊急時には年間100ミリシーベルトでした。この作業従事者の緊急被ばく限度の100ミリシーベルトは、3月26日に250ミリシーベルトに引き上げられました(放射線審議会声明)。

「どこで」。福島原発事故から1か月を経た2011年4月の状況では、(1)原発事故の現場(現場作業員)、(2)原発に近隣する地域(近隣住民)、(3)その他の地域（一般公衆）、に大別して考える必要があります。

「どんなものが・どの期間」について。放射性物質には固有の「半減期」があります。放射性ヨウ素131（I－131）の半減期は8日。3月15日以降、福島原発からの放射性物質の大きな漏洩《ろうえい》がないと考えられるので、I－131から生じる放射線量は8日ごとに半分になっていきます（3か月でその影響は千分の1以下に）。

放射性ヨウ素の対策は、「はじめが肝心」です。他方、放射性セシウムや放射性ストロンチウムの海や土壌への拡散・流出と蓄積にはずっと注意していく必要があります。これらの物質は半減期が長いからです（長いもので半減期は約30年）。

4月11日、政府が設定した「計画的避難区域」「緊急時避難準備区域」は、こうした長期的な観点（半減期の長い放射性物質に警戒する必要）に基づいた措置と言えます。この点については、本の最後に取り上げます。

When
Where
What
How

22

「100ミリシーベルトで0・5%」のとらえ方──その1。

今、福島第一原発の事故で、放射線被ばくを心配される方がおおぜいいます。

たしかに、私たちの細胞は、放射線によりダメージを受けます。しかし、生命が地球上に誕生した38億年前から、私たちの祖先はずっと放射線をあび続けてきましたから、細胞はDNAのキズを〝修復〟する能力を身につけています。自然被ばくのレベルから放射線量が増えても、余裕を持って対応できます。

ところが、大量の被ばくになると、〝同時多発的〟にDNAの切断が発生する

DNA
DNAだ.
プチ
プチ
プチ
プチ
プチ
プチ
プチ
プチ
プチ
プチ
.....。

ため、修復が間に合わなくなり細胞は死に始めます。500ミリシーベルトといった被ばく量になると白血球の減少などの「確定的影響」（しきい値がある障害）が発生します。逆に、しきい値以下の線量では、確定的影響は見られませんが、200ミリシーベルトという低い線量でも、発がんの危険は上昇します。

被ばく量と発がんリスクの上昇についての関係は、広島・長崎の被爆者のデータが基礎となっています。原爆での被ばく量は、爆心地からの距離によって決まりますから、被爆時にどこにいたかがわかれば、被ばく線量は正確に評価できます。

たとえば長崎では、爆発したときに出た放射線（初期放射線）は、爆心地から半径3キロ付近で7ミリシーベルト、3・5キロ付近で1ミリシーベルトだったことがわかっています。この他に、初期放射線によって放射化された土や建物からの放射線（残留放射線）もありましたが、急速に減少し、短期間でほとんどなくなりました。（長崎では爆心地から100メートル地点での初期放射線量は約300グレイでしたが、原爆投下24時間後には0・01グレイまで減少したとされています。）

23
「100ミリシーベルトで0・5%」のとらえ方——その2。

この点、チェルノブイリなどの原発事故では、住民の被ばく量の見積もりは困難です。たとえば、今回の福島第一原発事故でも、原発から30キロ以上離れている飯舘村《いいたてむら》での放射線量が高いため、「計画的避難区域」に指定されています。

原発から大気中に放出された放射性物質が、北西の風に乗って、この地域に流れ込んだことが原因です。原発事故の場合、同心円状の距離では、被ばく線量を特定できませんから、個人の正確な測定がなされていなかったチェルノブイリ原発事故などのデータは信憑性《しんぴょうせい》が低いという難点があるのです。

広島・長崎のデータでは、100～150ミリシーベルト以上の被ばくでは、がんの発生が、被ばく線量に対して、直線的に増えていました。しかし、これ以下の線量では、発がんリスクの上昇は〝観察〟されていません。

このことは、「100ミリシーベルト以下の被ばく線量ではがんは増えない」を意味するわけではありません。そもそも、200ミリシーベルトの被ばくで、致死性のがんの発生は、1％増加するに過ぎません。50ミリシーベルトで、本当に、0・25％増えるかどうかを検証するだけの「データ数」がないのです。

「100ミリシーベルト以下の被ばく線量ではがんは増えるかどうかわからない」というのが本当のところです。

ただ、インドのケララ地方のように、放射性物質を含む鉱石（モナザイト）のため、屋外の自然被ばくが年間70ミリシーベルトにまで達する地方があります。しかし、そうした地域でも、調査の結果、がん患者は増えていません。実際、多

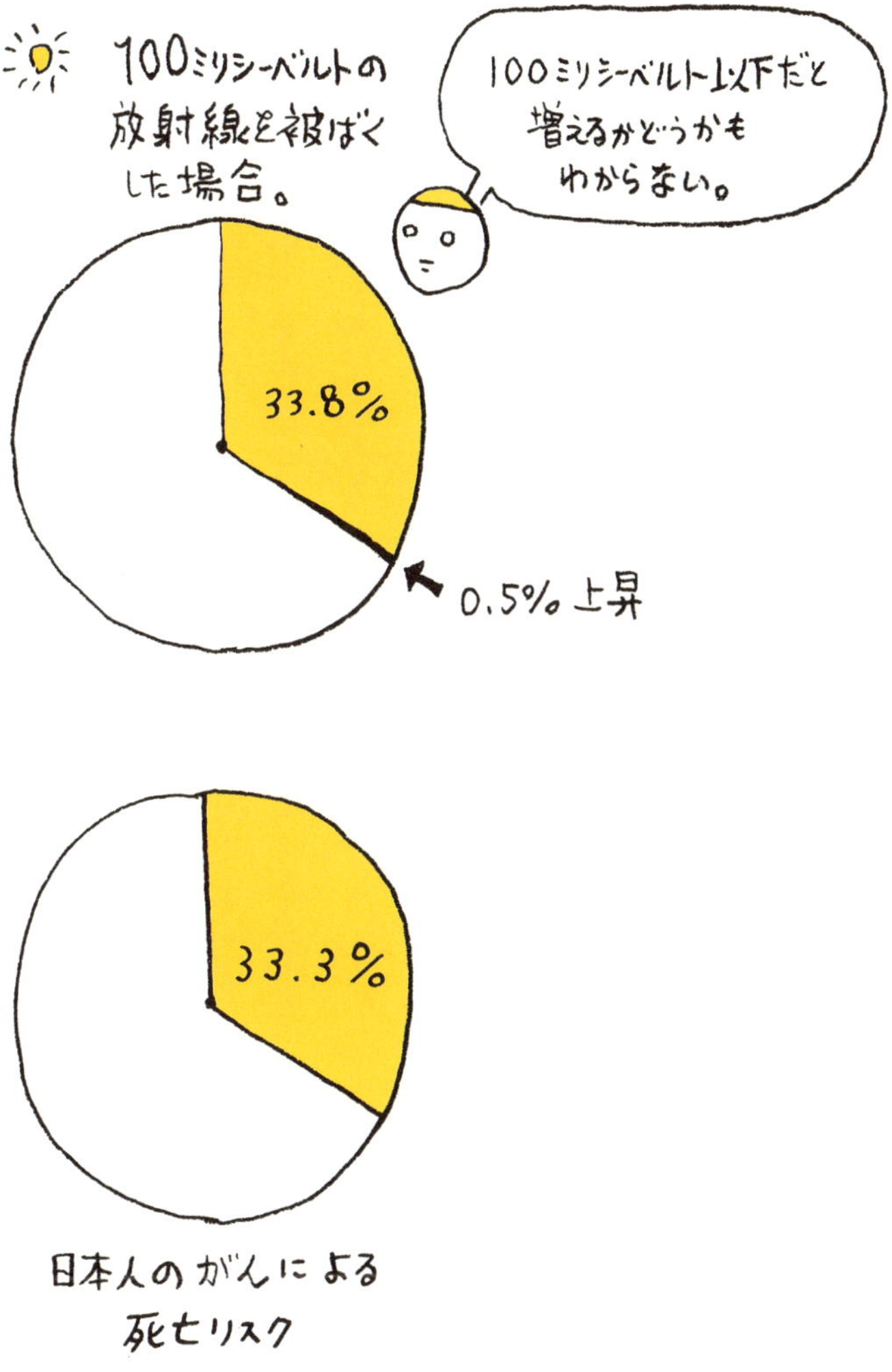
100ミリシーベルトの
放射線を被ばく
した場合。
100ミリシーベルト以下だと
増えるかどうかも
わからない。
33.8%
0.5%上昇
33.3%
日本人のがんによる
死亡リスク

くの専門家が100ミリシーベルト以下であれば、発がんリスクは上がらないのではないかと考えています。

200ミリシーベルトで、致死性のがんの発生率が1%増えるわけですが、もともと、日本人のおよそ3人に1人が、がんで死亡します。つまり、100ミリシーベルトで、がんによる死亡リスクが33・3%から33・8%に、200ミリでは、34・3%に増えるというわけです。

24

私たちの生活はリスクに満ちている。

現代日本人は、リスクの存在に鈍感です。今回、突然降ってわいた、「放射線被ばく」というリスクに日本全国で大騒ぎをしていますが、他にも、私たちの身の回りに、リスクはたくさんあります（国立がん研究センター がん予防・検診研究センター 予防研究部）。

たとえば、野菜は、がんを予防する効果がありますが、野菜嫌いの人の「がん死亡リスク」は150~200ミリシーベルトの被ばくに相当します。受動喫煙も100ミリシーベルト近いリスクです（女性の場合）。

肥満や運動不足、塩分の摂り過ぎは、200〜500ミリシーベルトの被ばくに相当します。タバコを吸ったり、毎日3合以上のお酒を飲むとがんで死亡するリスクは2倍くらい上昇しますが、これは、2000ミリシーベルトの被ばくに相当します。つまり、今回の原爆事故による一般公衆の放射線被ばくのリスクは、他の巨大なリスクの前には、〝誤差の範囲〟と言ってよいものなのです。（とくに100ミリシーベルト以下の被ばくのリスクは、他の生活習慣の中に〝埋もれて〟しまいます。）

ただし、喫煙や飲酒などは自ら〝選択する〟リスクですが（リスクと知らずに選択している場合も多い）、原発事故に伴《ともな》う放射線被ばくは、自分の意志とは関係ない〝降ってわいた〟リスクです。放射線被ばくは、その意味で、受動喫煙に近いタイプのリスクと言えるでしょう。

「ゼロリスク社会、日本」の神話は崩壊しました。今回の原発事故は、私たちが「リスクに満ちた限りある時間」を生きていることを再考させる契機です。

被ばく
100
ミリシーベルト
野菜
嫌い
RISK
RISK
=
同じ

25

発がんリスクの代表例
——甲状腺がんの基礎知識。

チェルノブイリの原発事故では、白血病など、多くのがんが増えるのではないかと危惧《きぐ》されました。しかし、実際に増加が報告されたのは、「小児の甲状腺がん」だけでした。

小児甲状腺がんが増加した最大の原因は、旧ソビエト政府が、当初、事故を認めず、初動が遅れた点です。この点、福島第一原発では、まずまず適切な対処がなされてきたと言えます。

放射性ヨウ素（I－131）は、体に入るとその30％程度が甲状腺に取り込まれます。これは、甲状腺ホルモンを作るための材料がヨウ素で、甲状腺がヨウ素を必要としているからです。

普通のヨウ素も放射性ヨウ素も、人体にとってはまったく区別がつきません。物質の性質は、放射性であろうとなかろうと同じだからです。たとえて言えば「食べ物があったので食べてみたら、毒針がついていました」ということなのです。

ヨウ素は甲状腺ホルモンの合成に不可欠ですが、その摂取のほとんどが海草からのものです。チェルノブイリのように地理的に見て海草が少ないところでは、常に甲状腺はヨウ素をほしがっている状態です。そこに、天然には存在しない放射性のヨウ素がやってきたので、どんどん取り込まれてしまいました。

日本人はふだんから海草や海産物を食べているので、日本人の甲状腺は、チェルノブイリの人たちに比べれば、普通のヨウ素で満たされた状態にあります。だから、放射性ヨウ素の取り込みも少なく、チェルノブイリほどの影響はないだろうと考えられます。

放射性ヨウ素の場合、放射されるベータ線は、線源から2ミリくらいのところで止まってしまいますから、甲状腺という組織が「選択的」に照射されることになります。結果的には「局所被ばく」の一種だと言えます。

なお、甲状腺がんの放射線治療（放射性ヨウ素内用療法）では、3・7ギガベクレル（3.7×10^9Bq「ギガ」は10億！）という強い放射性ヨウ素を口から飲み込むのですが、それでも全身への影響がほとんどないのは、放射線ヨウ素が甲状腺に集まり、全身への被ばくを抑えるからです。

チェルノブイリの子供たちは、避難や食品規制の立ち後れから、放射性ヨウ素に汚染されたミルクを飲んでいました。子供の細胞分裂は活発で、放射線による発がんリスクが高いため、小児の甲状腺がんが増えたものと思われます。

なお、がんはできる部位（臓器）や進行度（ステージ）によって千差万別ですが、甲状腺がんは、がんの中で、もっとも治癒しやすいがんです（治療後の5年生存率は95％以上）。

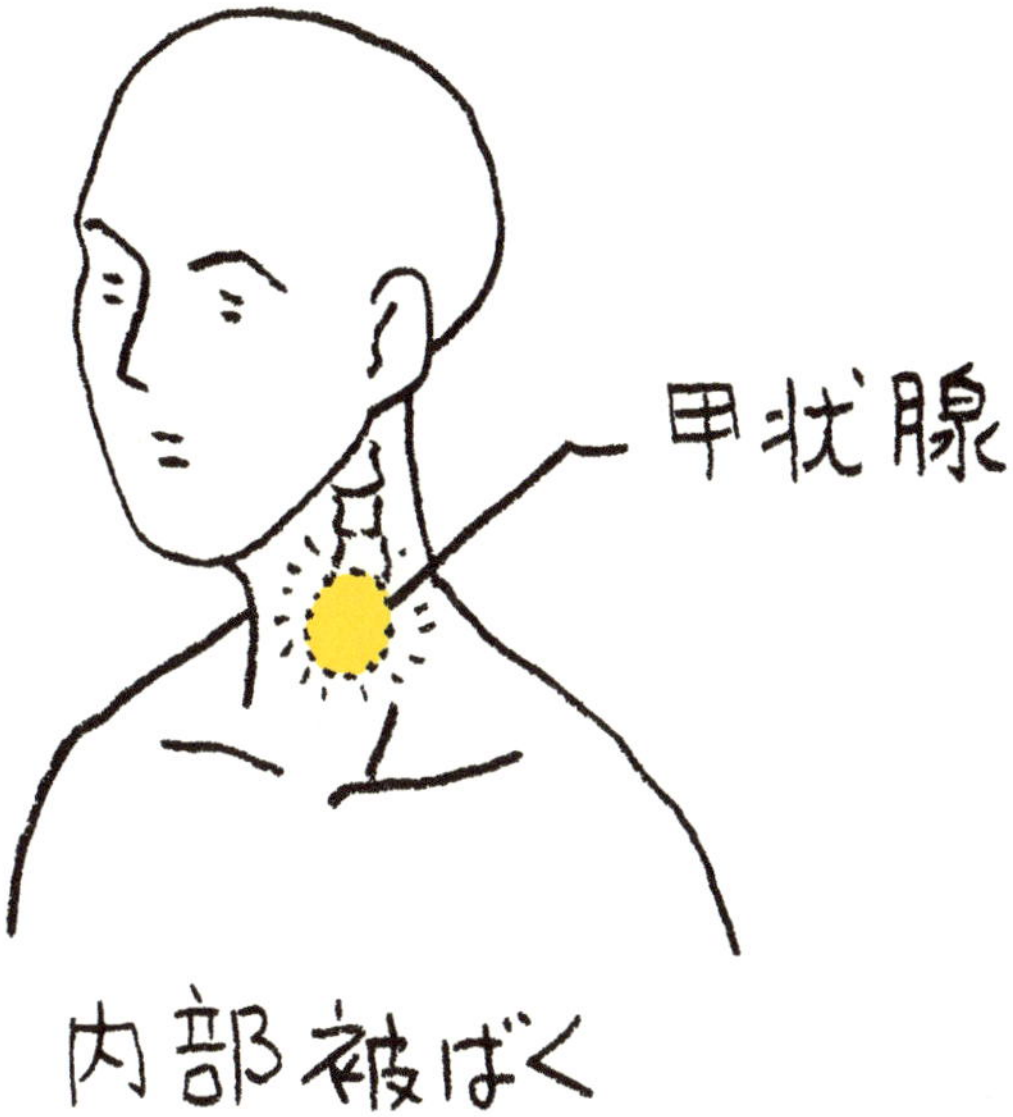
甲状腺
内部被ばく

26

チェルノブイリ、スリーマイル島で起きた健康被害。

1986年4月26日、チェルノブイリ原子力発電所4号機で起きた爆発事故では、広島に投下された原子爆弾400発分の放射性物質が放出されました。

当時、旧ソビエト政府は住民のパニックを恐れ（冷戦下でもあり）、この事故を数日公表しなかったため（もちろん避難指示もなく）、近隣の村は大量の放射性物質をあびることになりました。

事故後の復旧作業にあたった作業者53万人の平均被ばく線量（全身＝実効線量）

は117ミリシーベルトに上りました。避難した近隣住民11万5千人の平均被ばく線量は、全身（実効線量）で31ミリシーベルト、甲状腺では490ミリシーベルトと報告されています。さらに、チェルノブイリに近い、ベラルーシ、ロシア、ウクライナの640万人の住民については、全身で平均9ミリシーベルト、甲状腺で102ミリシーベルト、その他の全ヨーロッパ（トルコ、コーカサス、アンドラ、サンマリノを除く）では、それぞれ、0・3ミリシーベルト、1・3ミリシーベルトと見積もられています（国連科学委員会〔UNSCEAR〕2008年報告附属書D）。

この事故による小児甲状腺がんの発症は、国際原子力機関（IAEA）の公式見解では、2006年までに発見された患者さんが4千人、死亡が確認されたのは9～15名、とされています。

事故の正式発表や避難措置が遅れ、放射線に汚染された飲食物が規制されず、甲状腺に特異的に放射性ヨウ素が集まったため、人為的・必然的に起きたことでした。

1979年3月28日、アメリカのペンシルヴェニア州スリーマイル島の事故では、①減速材（放射線、詳しくは中性子線のエネルギー放出を抑えるための資材）として水を使用していた、②核分裂は停止していた、③格納容器があった、ということで、福島のケースに近いことがわかります。長期の詳細な調査が行われましたが、事故が、住民の健康に有意な影響を与えたという結論は出ていません。

福島第一原発の事故は、4月12日、国際的な事故評価尺度（INES）で「深刻な事故」とされるレベル7に引き上げられました。チェルノブイリと同一レベル。ただし、放射性物質の外部への放出量は1けた小さいとされます。国際原子力機関（IAEA）は「レベルは同じでも、事故の構造や規模ではまったく異なる」とコメントしています。

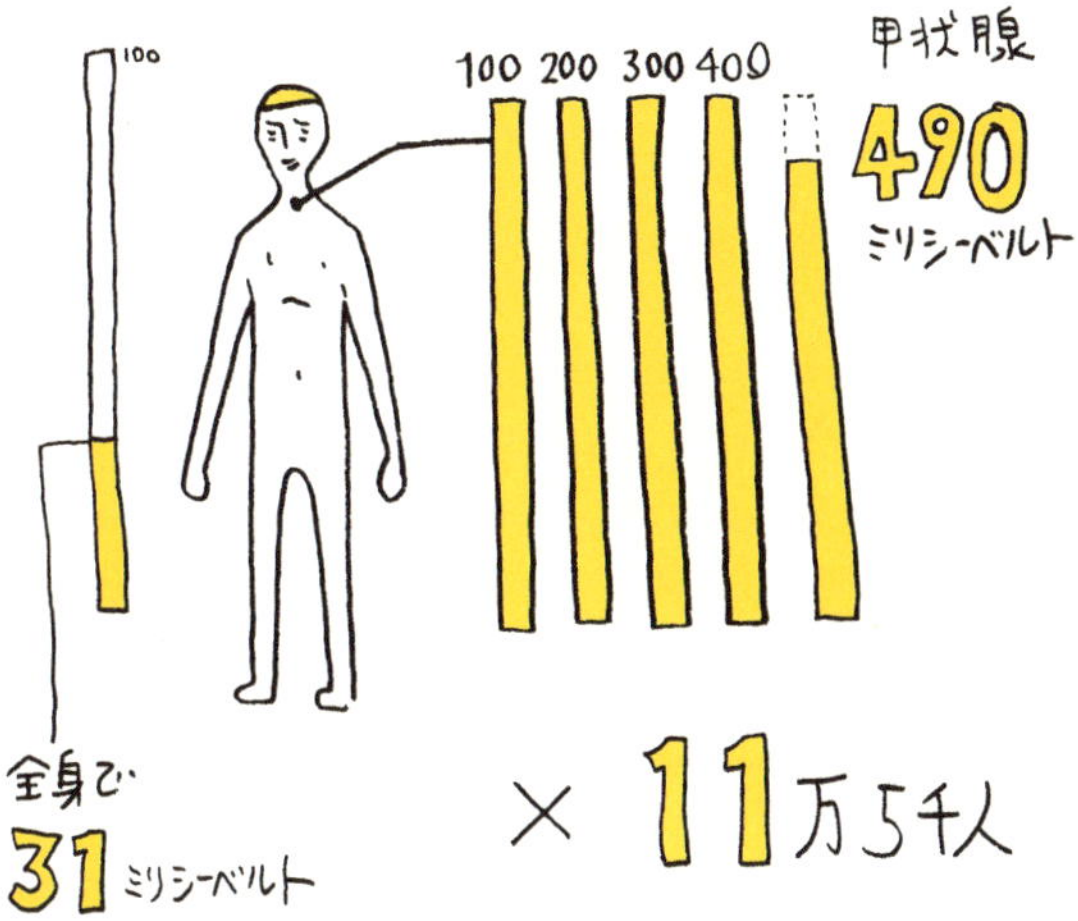
100
100 200 300 400
甲状腺
490
ミリシーベルト
全身で
31 ミリシーベルト
× 11万5千人

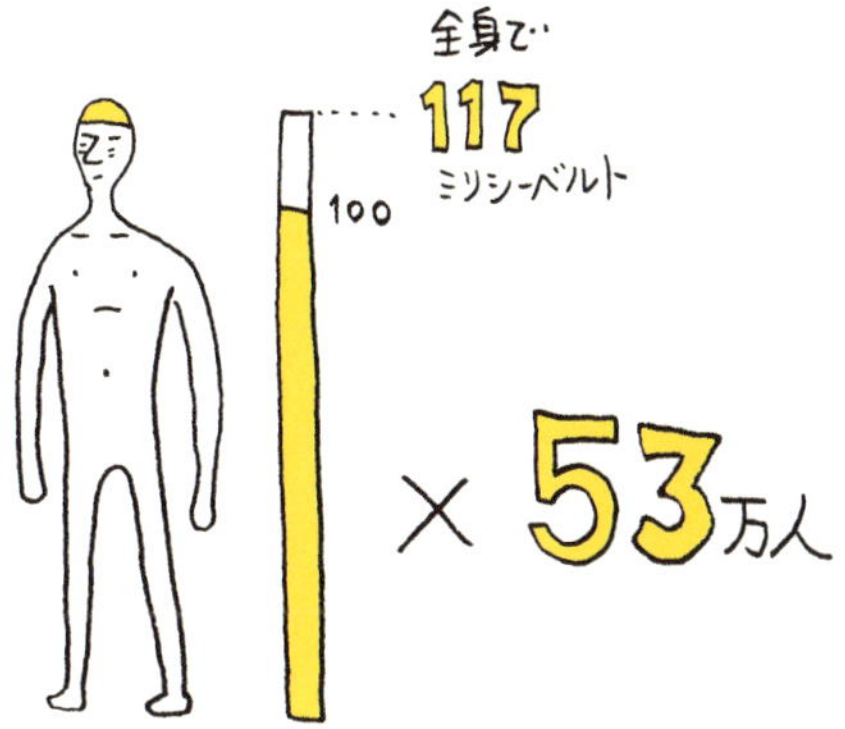
全身で
117
ミリシーベルト
100
× 53万人

27

がんの放射線治療にみる放射線の影響。

放射線は目に見えず、匂いも音もせず、線量によっては人体に致死的な影響を与えるため、十分な配慮を持って扱わなければなりません。

福島原発の事故は、いったん放射性物質のコントロールを失うと、どれほど扱いがむずかしいものかを教えてくれます。

ただ、現在の私たちの生活は、原子力発電所による電力供給以外にも、製造業や農業で、放射線の〝恩恵〟を背景に、営まれています。医学もその一部です。

私の本業の「がんの放射線治療」を（ごくかいつまんで）ご紹介しながら、放射線被ばくの問題を考えてみたいと思います。

放射線の量が多くても、照射されるのに要する時間が十分に長ければ、また、放射線がかかる範囲が小さければ、身体への影響はほとんどみられません。このことを私は、毎日の診療の中で経験しています。

実際、人間は全身に4グレイ（Gy）（＝4シーベルト＝400万マイクロシーベルト）の放射線を一度にあびると、60日以内に50％が死亡すると言われていますが、私たちががんを治すために患者さんに投与する放射線量は多くの場合、50〜80グレイ（＝50〜80シーベルト＝5000万〜8000万マイクロシーベルト）という量になります。それでも、患者さんは、日常生活を続けながら外来通院で放射線治療をすることができます。

これほどの大量の放射線を、患者さんに治療として投与できるのは、何回にも分けて放射線をかけていることと（普通は1回あたり2〜3グレイ＝2〜3シーベルト＝200万〜300万マイクロシーベルト）、全身ではなく必要な範囲だけに放射線をかけていることが大きな理由です。

放射線を何回にも分けて照射することを「分割照射」と言います。これによって、正常な細胞の放射線によるダメージを回復させながら、がん細胞をたたくことができるのです。よく、患者さんに、「何週も通うのは大変だ」と言われますが、分割照射によって、放射線治療は「カラダにやさしいがん治療」になっているのです。

一方、放射線治療の副作用は、放射線が、かかる範囲によっても違ってきます。最近テレビや新聞記事などでも多く取り上げられるようになっている「ピンポイント照射」という方法を使えば、10〜20グレイといった大線量の放射線を1回で照射することもできます。

仮に、がん細胞だけに完全に放射線を集中することができれば、放射線を無限にかけることができます。副作用はゼロで、がん病巣《びょうそう》は100％消失すること

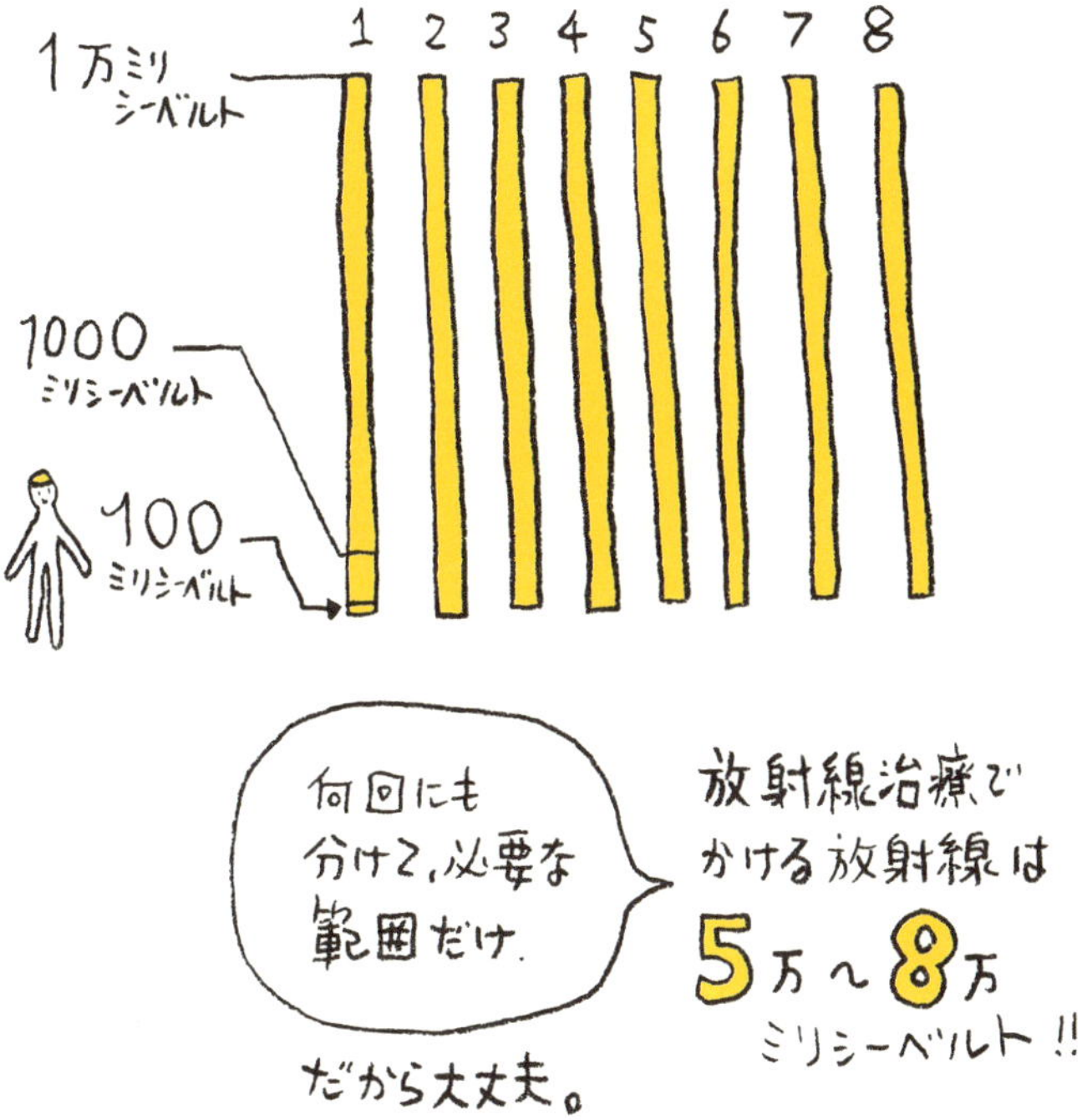
1 2 3 4 5 6 7 8
1万ミリシーベルト
1000ミリシーベルト
100ミリシーベルト
何回にも分けて、必要な範囲だけ。
だから大丈夫。
放射線治療でかける放射線は
5万〜8万ミリシーベルト!!

になります。今でも、この「理想」は夢ですが、かなり現実的になってきました。

実際に、ガンマナイフという治療装置を用いたパーキンソン病に対する「定位的視床《ししょう》破壊術」では、きわめて限られた範囲に13グレイという超高線量を1回で照射することもあります。この放射線は、もし全身にあびれば数日後には死亡してしまうほどのものです。

28

飲み物、食べ物、そして〝土壌〟の影響
――外部被ばく＋内部被ばく。

今日（5月10日）現在、各地で観測される大気中の放射線量は、下がり続けています。今後、原発周辺以外で問題になってくるのは、大気中の放射性物質による被ばくよりも、飛散してきた放射性物質が土壌に入ることによる「大地からの外部被ばく」や、土壌や海水の放射性物質が野菜や魚介類を介して体内に取り込まれる「内部被ばく」の方です。

問題となる放射性物質は3種類に限られます。放射性ヨウ素、放射性セシウ

ム、放射性ストロンチウムです。

このうち、半減期が8日のヨウ素131は（今後大量の放出がない限り）3か月程度で問題にならないほど線量が低くなります。いわば「期間限定」の問題です。これからの主役は放射性セシウム137になります。これは半減期が30年。ということは、何も対策を講じなければ、60年経ってもなお4分の1の放射性物質が残り続ける、ということです。

セシウム137は、体内に入ると、ほぼ100％が胃腸から吸収されます。体の中ではカリウムと同じような振る舞いをします。カリウムは人体にとって基本的な元素で、どこにでもありますが、とくに筋肉に蓄積します。

ただし、体の細胞は常に入れ替わっていますから、セシウムの場合は、だいたい2か月から3か月で半分が排泄されます。これを、「生物学的半減期」と言います。（人体から排泄されると言っても、地球上から消えるわけではありません。）

放射性ストロンチウム90は、カルシウムと同様、体内に取り込まれると、骨に

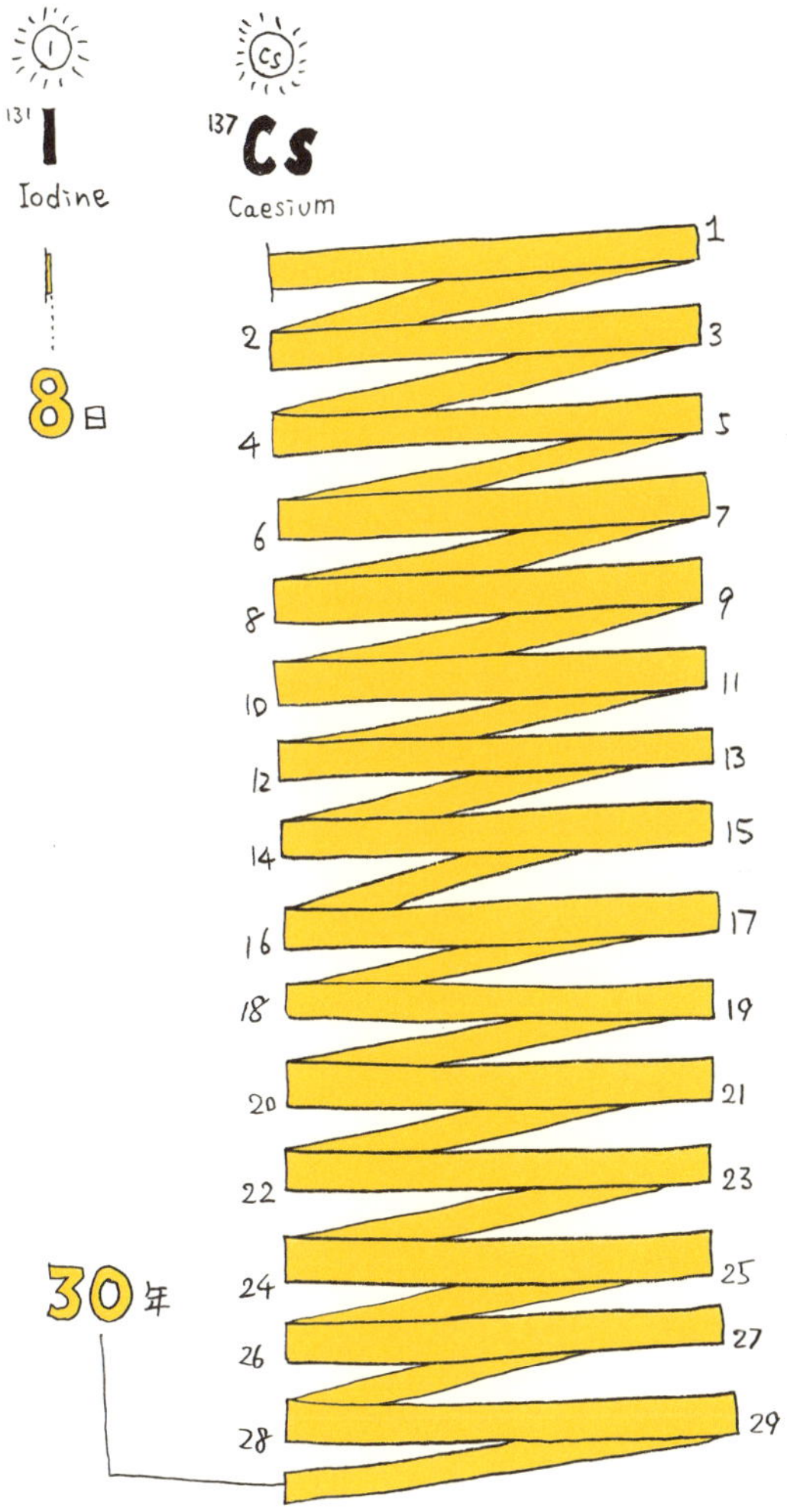

131 I
Iodine
8日
137 Cs
Caesium
1
2
3
4
5
6
7
8
9
10
11
12
13
14
15
16
17
18
19
20
21
22
23
24
25
26
27
28
29
30年

集まります。摂取量が多ければ骨のがんの危険性が高まり、とくに骨形成の盛んな子供の感受性が高いと考えられます。

放射性ストロンチウム90は、4月13日、はじめて検出が報告されました。この元素は、数ミリしか透過しないベータ線を放出するだけで、透過力が高いガンマ線（X線に近い）を出さないため検出がむずかしいのですが、しっかり観測していく必要があります。

29

妊婦と乳幼児への影響、それ以外の成人への影響。

放射線が胎児に及ぼす影響には、奇形、胎児の致死、成長の遅延などがあります。ただし、妊娠期間中に100ミリシーベルト（積算）以上の放射線被ばくがないと、これらの影響は見られていません。

妊婦（胎児）や乳児が放射線の影響を受けやすいのは、細胞分裂が活発だからです。細胞分裂のときDNAが不安定になり、傷つきやすくなるのです。

器官形成期と呼ばれる妊娠初期の2か月間がとくに放射線の影響を受けやすく、

また、妊娠2か月～4か月の胎児期初期も、比較的影響を受けやすいとされています。また、胎児の体が小さいことも一因です。薬でもアルコールでも、体が小さければ影響が大きいのと同じです。

赤ちゃんは「これから生きていく時間」が長いことも発がんリスクに関係します。細胞のコピーミス（がん細胞の発生）があってから、がんが検査で見つかるほど大きくなるまでには、10年～20年ほどかかります。つまり、90歳の人が「これから新しくがんになる可能性」はゼロに近い。しかし、赤ちゃんは今後の長い人生の中で、「がんになる可能性」も高くなる、というわけです。

妊娠前の女性の被ばくによる影響が、胎児に及ぶことはありません。安心して出産を迎えていただいて大丈夫です。

このことは、国際放射線防護委員会（ＩＣＲＰ）の勧告「妊娠と医療放射線」（＊）に示されています。その要旨には「胎児があびた放射線の総量が１００ミリグレイ（＝１００ミリシーベルト）以下では、放射線リスクから判断して妊娠中絶

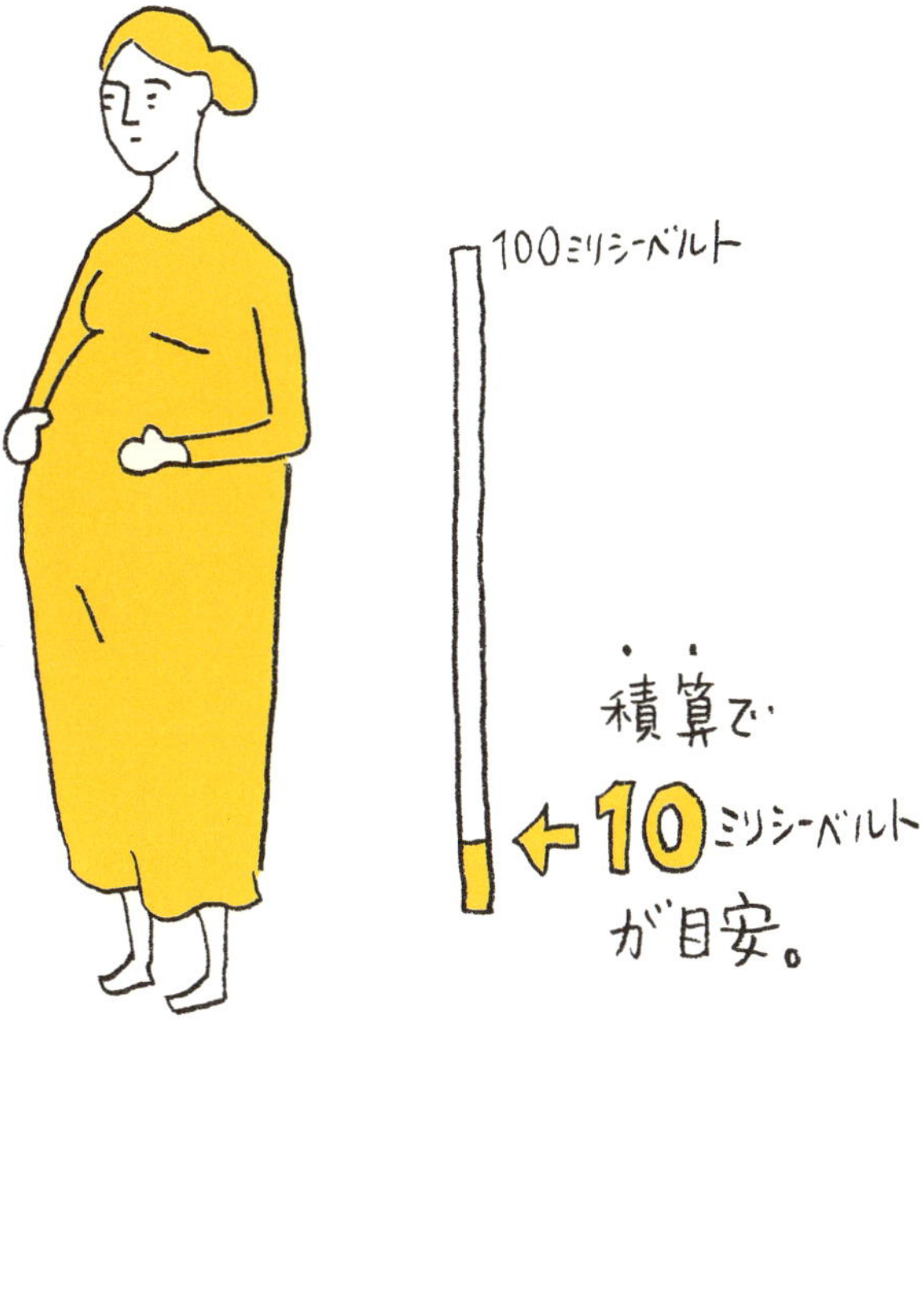
100ミリシーベルト
積算で
10ミリシーベルト
が目安。

は正当化されない」と書かれています。

（ただし、個人的には、妊婦さんの基準として、より「安全側に立つ」意味で、「妊娠期間中10ミリシーベルト」を目安にすれば、安心だと思っています。）

小学生や思春期の青年の健康を心配する声もあります。大人に比べればまだ小さいし、人生の長さを考えれば、同じ放射線量でも、大人より影響は大きいはずです。体の大きさや年齢などから、幼児用と成人、いずれの規制値をあてはめるか考えてください。

食品の規制値は、そもそも幼児の基準に合わせてあるので、かなり安全です。脱毛や白血球の減少といった「確定的影響」は、250ミリシーベルト以下の被ばくでは起きませんので、心配はいりません。

（＊）Pregnancy and Medical Radiation (ICRP Publication 84)
http://www.icrp.org/publication.asp?id=ICRP%20Publication%2084

30 安全性の考え方――基準値は何のため？

放射線の人体への影響を考える場合、すでにお話ししたように、積算値で年間100ミリシーベルトを基準にします。放射線医学総合研究所が作成した「放射線被ばくの早見図」を参考にご説明しましょう。

広島・長崎の被爆者を長年追跡調査した研究成果から、積算値が100ミリシーベルト以下の場合、人体に明らかな影響があるとは言えません。（具体的には発がん率の上昇が見られないのです。）

とはいえ、人命にかかわることなので、「証明はできないが、ほんのわずかに危険性が増しているかもしれない」ということを想定して、許容できる放射線量の基準を設けているのです。これを「安全側に立つ」と言います。

そもそも、緊急時ではなく、平時における一般公衆の年間線量限度は1ミリシーベルトです。これが世界標準。他方、自然放射線量は、日本平均で年間1・5ミリシーベルト、世界平均だと2・4ミリシーベルトです。平時では、自然被ばくの他に、年間1ミリシーベルトまでの被ばくを許しているわけです。

国際放射線防護委員会（ICRP）の勧告では、緊急時の場合、年間20～100ミリシーベルト、復興時には年間1ミリシーベルトに戻すべきだとされます。

福島第一原発の事故に際して、日本政府が当初採用した基準は、予測される実効線量が10～50ミリシーベルトならば屋内退避（福島第一原発から半径20～30キロ圏内）、50ミリシーベルト以上ならば避難（同、20キロ圏内）というものでした。

これは、原発事故から1～2日というような短期間に大量の放射線を受ける

放射線被ばくの早見図

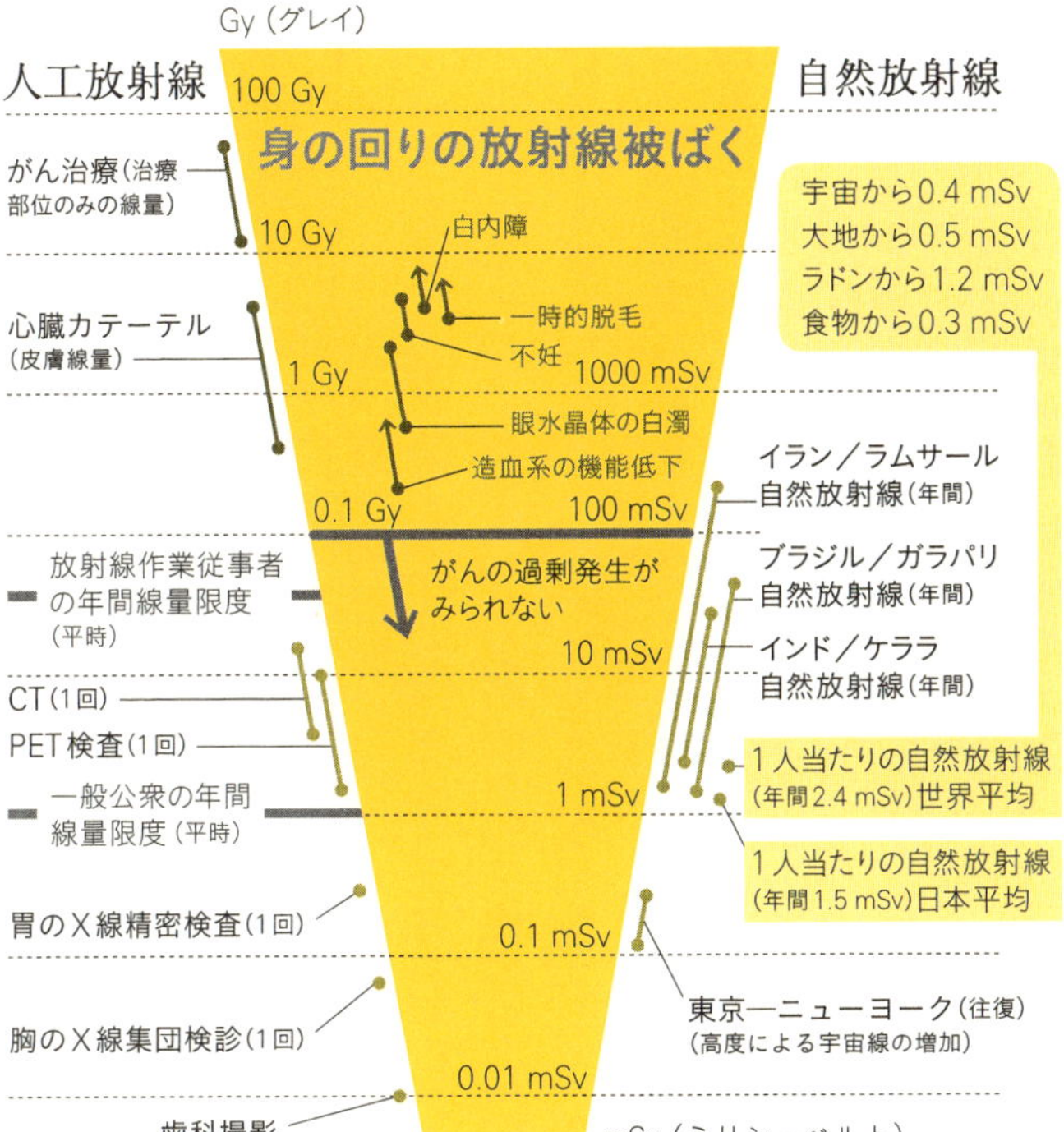

※目盛（点線）がひとつ上がるごとに10倍となります（対数表示）。

出典：放射線医学総合研究所
（http://www.nirs.go.jp/data/pdf/hayamizu/j/0407-hi.pdf を元に作成。一部省略・改変）

場合の健康被害を想定して作られたもの。すでに述べたように、放射性物質は必ずしも同心円状に広がるのではなく、風向きや地形に左右されるため、20〜30キロの内外にかかわらず、積算線量の高いところと低いところが出てきます。また、長期間にわたって積算された被ばくを想定していなかったので、政府は新たな基準を策定しました（4月11日）。

それによると、「計画的避難区域」は、事故発生から1年の期間内に積算線量が20ミリシーベルトに達する恐れのある区域。国際放射線防護委員会や国際原子力機関（IAEA）の基準を考慮したもので、1か月を目処に避難が求められています。

また、「緊急時避難準備区域」は、これまで「屋内退避区域」となっていた福島第一原発から半径20〜30キロの区域のうち、「計画的避難区域」以外の区域を指す、とされました。

基準値は、事故直後の「緊急時」から、復興途上の「現存被ばく状況」、そして「平時」へと段階的に移行するべきものです。

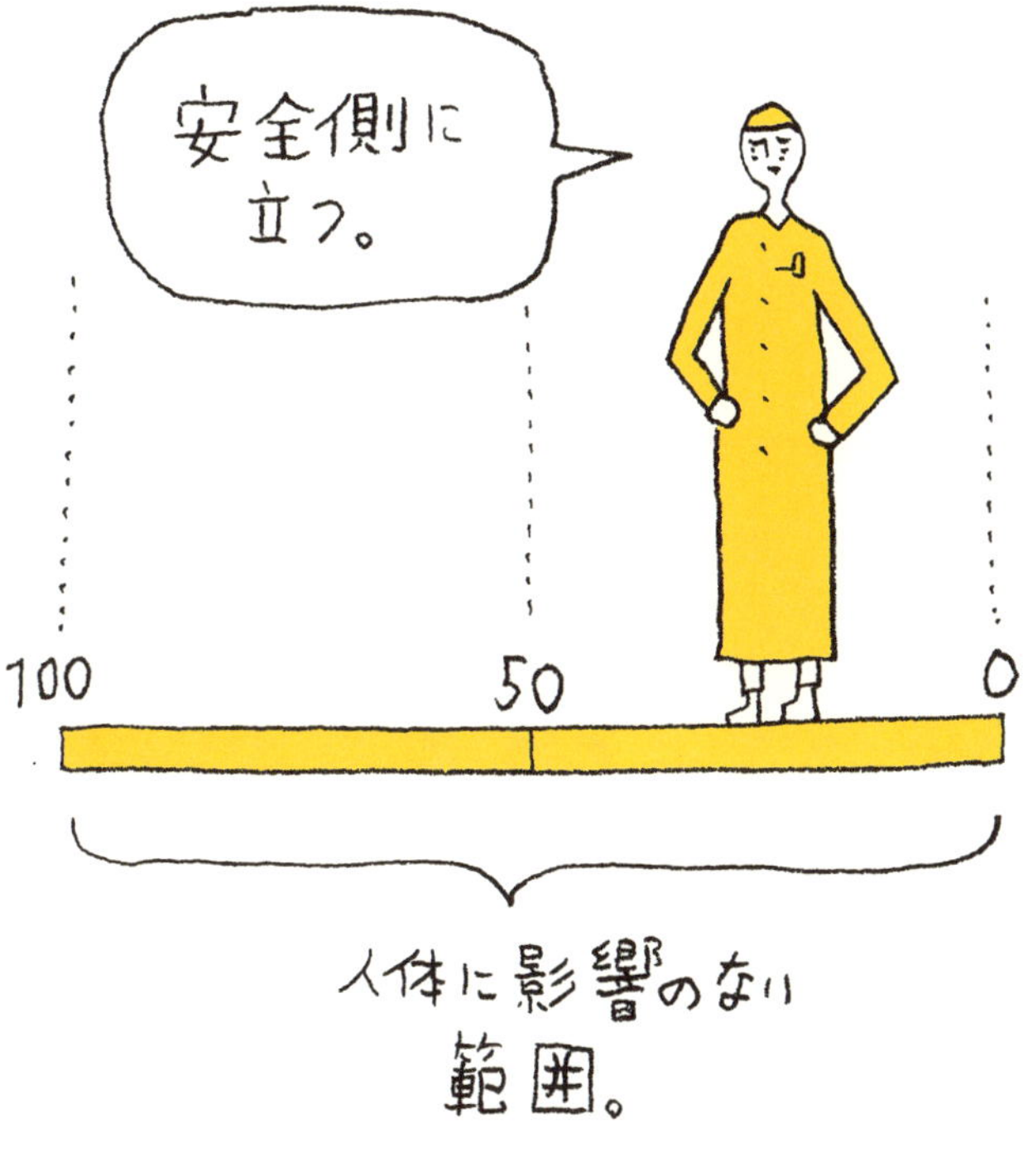
安全側に
立つ。
100
50
0
人体に影響のない
範囲。

現在私たちが置かれているのは「現存被ばく状況」です。「平時」の基準を適用することは現実的ではありません。（とはいえ、現存被ばく状況の「年間積算線量20ミリシーベルト」は暫定的な基準であり、平時の1ミリシーベルトに近づける努力は必要です。）

また、こうした基準値は、絶対的なもの、これを超えること自体が「危ない」ものだと考えるべきではありません。私たちが抱えているのは被ばくのリスク「だけ」ではないからです。避難や規制に伴うさまざまなリスクや心理的な負担と、被ばくのリスクを勘案し、より「まし」な方を選択しなければなりません。

もちろん、原発事故により、不要なリスクを抱え込むことになったこと自体は悲しむべきことです。しかし、こうなってしまった以上、よりよい方向を探るしかありません。どんな選択でもリスクがゼロということはないのですから。

リスクを引き受ける当事者が主体となり、その実情に応じた柔軟な対応がなされることが望ましいと言えるでしょう。

放射線防護の考え方

2008年にまとめられた「国際放射線防護委員会（ICRP）」レポート111号「原子力事故もしくは緊急放射線被ばく後の長期汚染地域住民の防護に関する委員会勧告」（＊）が、2011年4月4日付けで特別に無償配布されています。これは、原発事故で長く土壌などが汚染された場所に住む人々に向けたものですから、まさに、福島へのメッセージになっています。

このレポートは、原発事故直後の状況を対象とした「緊急時被ばく状況における放射線防護に関する委員会勧告」（ICRP109）とセットでまとめられたものです。現在、そして今後の福島第一原発事故による放射線被ばくと、どう向き合うかを考える上で大変参考となるレポートです。

福島第一原発事故は、まだ予断を許さない状況です。しかし、近隣の住民は、日々の生活を営みながら、放射線防護と取り組んでいかねばなりません。そのためには、専門

（＊）ICRP Publication 111, Application of the Commission's Recommendations to the Protection of People Living in Long-term Contaminated Areas after a Nuclear Accident or a Radiation Emergency.
http://www.icrp.org/publication.asp?id=ICRP%20Publication%20111

放射線防護の線量の基準の考え方

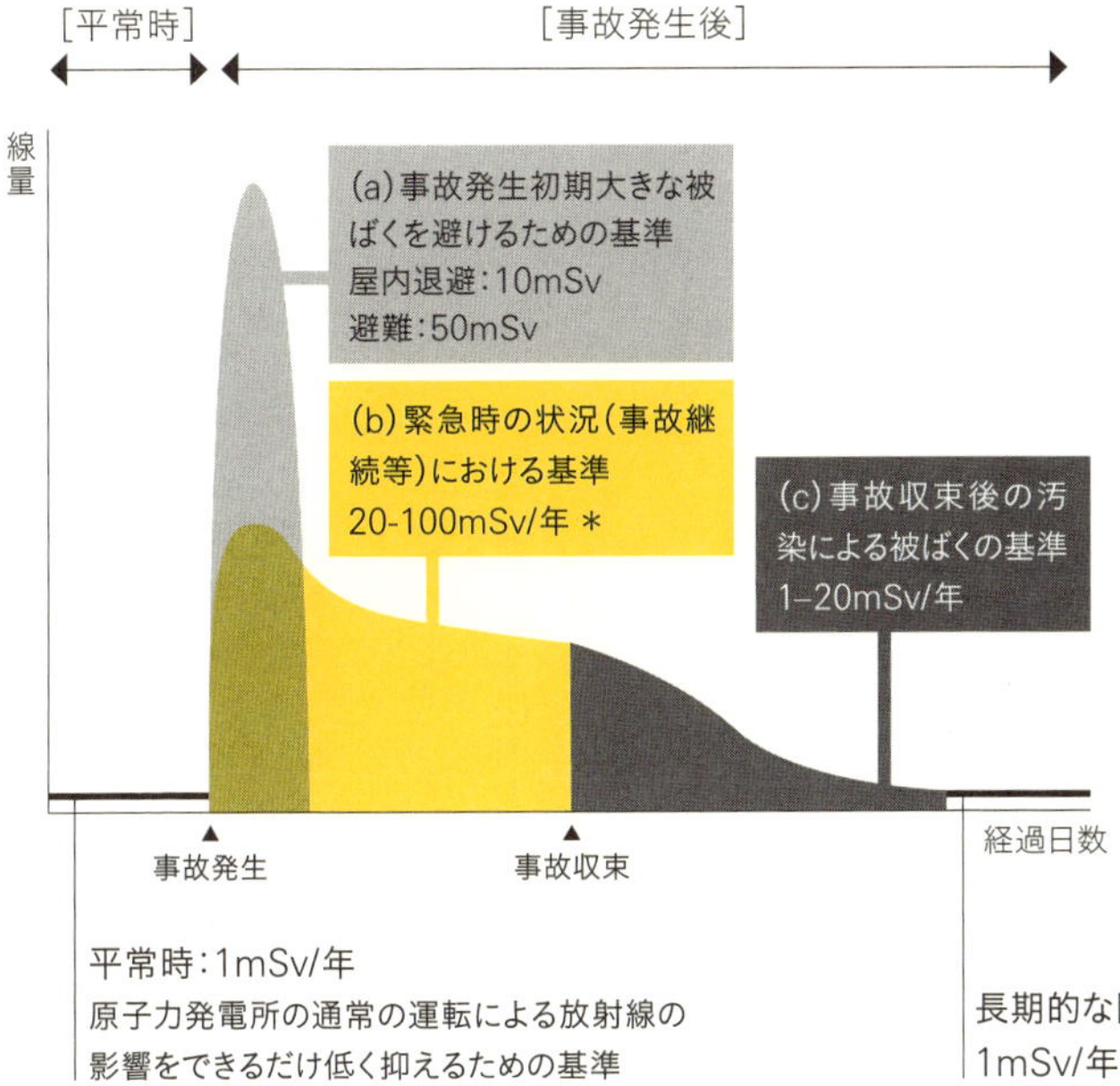

＊100mSv/年以下では健康への影響はないが、
原子力・放射線利用では「合理的に達成できる限り低く」を目指している。

出典：原子力安全委員会（http://www.nsc.go.jp/info/20110411_2.pdf を元に作成）

家、政府、自治体、関係機関の援助と、住民の関与が不可欠です。

過去の原発事故でもそうでしたが、今回の福島第一原発事故でも、その近隣の住民の多くは、ふるさとに住み続けることを願っていると思います。しかし、これまで通りにその土地で生活するためには、克服しなければならない障害もあり、そのための努力も必要です。

このレポートは、そのための手引きとなります。そして、この手引きを活用しながら、適切に今回の事態と向き合えば、原発近隣の住民の方の健康被害（放射線による直接的な悪影響だけではなく、食品不足によって健全な食生活が送れない、適度な運動ができないなど、付随する影響も含めて）を避けることができるのではないかと考えます。

また、原発近隣に居住されている方と、東京など、原発から離れた地に住む市民では、それぞれ置かれている環境が異なります。しかし、原発災害からの復興のために、このレポートの「放射線防護の考え方」を日本国民全員が共有する必要があります。以下、今回の状況に合わせ、ポイントを整理してみました。

ポイント①──「緊急時被ばく状況」から「現存被ばく状況」へシフト

▼「緊急時被ばく状況」とは、原発事故直後の、高いレベルの放射線被ばくが生じる可能性があり、国によって緊急的な避難や待機が行われるべき状況（避難区域、計画的避難区域の設定など）を指します。2011年3月から4月の時点で、原発周辺の地域が置かれていた状況です。

▼「現存被ばく状況」とは、「緊急時被ばく状況」に続く、復興途上の状況であり、まさに、福島県民、そして日本人が直面している事態です。避難区域外の多くの地域と今後想定される〝避難指示が解除された地域〟などがその対象となります。

▼「ICRP 111」レポートでは、後者の「現存被ばく状況」における放射線防護についての考え方がまとめられています。まさに、今の日本人に必要な〝手引き〟だと言えます。

［解説］

3月15日以降、放射性物質の大気中への大量飛散が抑えられており、避難区域外や警戒区域外では、学校がスタートするなど、震災や原発事故に影響された生活の改善が進められています。

したがって、国は現在、放射線量が通常より高い居住可能地域を「現存被ばく状況」にある、と判断していると考えられます。

福島第一原発事故については、いまだに原子炉のコントロールができていない状況下にありますが、大気中への放射性物質の大量飛散が抑えられている点や事故からの時間が経過している点を踏まえ、「緊急時被ばく状況」から「現存被ばく状況」へのシフトが重要なポイントとなります。

ポイント②——個人線量による被ばくの管理

▼原発事故後の放射線被ばくは〝個々人の行動（生活、食習慣、避難の仕方など）〟によって大きく違ってきますので、〝平均的な被ばく〟を想定した対処方法は適切ではありま

せん。
▼個人の被ばく量、もしくは、被ばく量ごとのさまざまなグループに応じたきめ細かな対応が必要になります。（コストをどこまでかけられるかは別の議論になりますが、たとえば住民への個人線量計の配布などは、これに含まれるでしょう。）

ポイント③――「防護方策の最適化」と「防護方策の正当化」が大事

▼「防護方策の最適化」とは、被ばくがもたらす不利益と、関連する経済的・社会的要素（避難生活、収入面、生き甲斐《がい》・誇りなど）とのバランスにより、最適な放射線防護の方策が決められるべきだということです。
▼「防護方策の正当化」とは、放射線被ばくの防護方策は、多かれ少なかれ、住民に不便を要求するものになってしまうため、被ばくによるリスクとのバランスを考慮して、〝不便の強要〟に、正当な根拠があることを示さなくてはならないということです。た

とえば、人体にまったく影響がないような被ばく線量の地域で、避難勧告を出すのは、〝損〟だということです。

▼防護方策を決めるにあたり、根拠となったデータや想定される条件は明確に示される必要があります。重要な情報はすべての関係者に提供されること、意志決定プロセスを第三者が確認できることが前提になります。

［解説］

福島第一原発事故において、現在、何が最適な（ベストな）方策か、判断することはきわめてむずかしい課題です。たとえば食品の消費者と生産者、地域住民とそれ以外の国民で立場は違いますが、それぞれの意見の共有と連帯が必要となります。

たとえば、食品の暫定規制値の決定と、それに伴う出荷制限では、〝国民を放射線被ばくから防護する必要性〟と、〝地域の産物が市場に受け入れられ、地元経済が生き残る必要性〟とのバランスを要します。

このためには、繰り返しになりますが、地域住民とそれ以外の国民の意見の共有と連帯がとても大事になってくるでしょう。時として、国民一人ひとりが、〝エゴ〟を捨てる必要もあると思います。

また、就労時間や学校での校庭の使用時間の制限なども、最適化のプロセスを踏んで実施されるべきです。

また、防護方策の実施は頑《かたく》なものではありません。状況を踏まえて、必要に応じて修正していくことで、その時々の状況においてベストな放射線防護の方策が、練られ・合意され・実施されていくべきだと思います。

ポイント④——参考レベル

▼参考レベルとは、それを超えたら、避難などの対策を実行すべき放射線量のことです。

ただし、あくまでも目安となる数字です。

▼ICRPでは、現存被ばく状況における参考レベルを、1ミリシーベルト～20ミリシーベルトの低い部分から（可能ならできるだけ低く）設定するべきだとしています。

▼長期には1ミリシーベルト毎年が参考レベルとなります。（現在の法的な〝公衆の被ばく限度〟が1ミリシーベルト毎年です。）

▼また、参考レベル以下であっても、さらに放射線量を低減できる余地があれば防護措置を講じるべきだとしています。

【解説】

今後の福島第一原発事故の影響を考えたときに、住民の放射線被ばくによる「リスク」と「地域住民の意向（その地に留まり、生活を続けたい、あるいはその逆）」のバランスにより、避難区域や警戒区域、基準となる参考レベルなどが設定され、状況に応じて改正されていかなければなりません。

100ミリシーベルトの被ばく量の蓄積で、最大0・5％程度の「致死性発がん」のリスクが上昇します。100ミリシーベルト未満の蓄積による「発がん」

のリスクについては、科学者の間でも、一致した見解が得られていません。

参考レベルを「1ミリシーベルト〜20ミリシーベルトの低い部分から(可能ならできるだけ低く)選定するべき」とするのは、不必要な被ばくを抑えることを前提としつつも、設定された参考レベル以下の被ばく量であれば、それによる「発がん」のリスクをはるかに上回るメリットが、その地域に留まることで得られる(もしくは、他の地域へ避難するリスクより小さくなる)ということを意味しています。福島の小中学校の校庭の使用制限などが実例です。

不必要な被ばくを抑えることは、放射線防護の基本です。原発事故による住民の被ばくを、できる限り避ける努力は継続しなければなりません。校庭の使用を制限するだけでなく、校庭の土の表面の部分を取り除く作業は子供たちに安心を与えるために大事だと思います。

一方で、現在置かれている放射線によるリスクを理解した上で、その地で普段通りに(もしくは放射線防護の取り組みを取り入れて)生活することを選びたいという方は少なくないでしょう(過去の事例でも同様)。その際には、年齢などを考慮した柔軟な対処も必要でしょう。飯舘村《いいたてむら》の特別養護老人ホームの入居者の避難の問題などが象徴的です。（本書巻末に掲載した「飯舘村の思想」を参照ください。）

ポイント⑤——住民の参加（自助努力による防護策）

▼住民は、放射能およびその影響について、当然ながら、不安に思っているはずです。そして、国や県の対応に期待しているはずですし、その対応に時に不信感を持つこともあるはずです。しかし、住民自身が行動する必要もあります。放射線量が高い場所を知り、できるだけ立ち入らない、山菜やきのこなど、高い放射能の食品を避けるなど、住民自身の被ばく状況の管理（内部被ばくや外部被ばく）、子供たちや老人へのサポート、そして、被ばくを低減するように生活を復興環境に適応したものにしていく仕組みが大事です。

▼地域住民のみなさんは、地域評議会といった組織に進んで参加し、コミットしていく

べきです。（国や県はそうした組織の設立を推進すべきでしょう。）

▼放射線防護策の計画策定に、住民自身が積極的に関与することが、持続可能なプログラムを実施していく上で重要です。（政府が、プログラムを上から押しつけるのではダメ。）

ポイント⑥――当局（国や県）の責任

▼被ばくが最も大きい人々を防護するとともに、あらゆる個人被ばくを可能な限り低減するための「放射線防護策」を策定し、その根拠を示すこと。

▼居住可能な地域を決め、その地域における総合的な便益を住民に保証する責任。

▼個人被ばくの把握、建物の除染、土壌および植生の改善、畜産のあり方の見直し、環境および農産物のモニタリング、安全な食料の提供、廃棄物の処理、さまざまな情報提供、住民へのガイダンス、設備の提供、健康監視、子供たちへの教育など。とくに、土壌の改善と情報提供、そして、学校での教育が重要です。

▼被ばく量についての参考レベルの設定。
▼「実用的な放射線防護」の考え方が理解されるよう関係者に働きかけること。
▼代表者や専門家（医師、放射線防護、農業など）が参加する地域評議会を推進していくこと。

［解説のまとめ］

このレポート「ＩＣＲＰ １１１」は、原発事故などに際して、想定しうる多様な事柄が考慮されているため、書き方が非常に抽象的になっています。このレポートをもとに、具体的な政策・施策をどう策定していくかは、私たち日本国民に委ねられていると言えるでしょう。

4月22日午前0時、福島第一原発から半径20キロ圏内は、災害対策基本法に基づく「警戒区域」に設定されました。原則的な立ち入り禁止区域が、これだけ広範な生活圏に指定されたことの意味は大きいと考えます。

また、半径20キロ圏外の地域に目を転じれば、放射線の年間積算量が20ミリシーベルト以上に達すると予測される地域が「計画的避難区域」に指定されました。さらに、20キロから30キロ圏内の一部の地域に対しては、「緊急時避難準備区域」と指定され、この地域には、緊急事態に備えて、屋内退避や避難の準備を求める、とされます。

「ICRP 111」が説くように、地域の住民のみなさんの意向に耳を傾けながら、リスクとのバランスの中で〝最適な〟対策を取っていくことが非常に重要だと思います。そして、健康、環境、経済、心理、倫理などが複雑に絡まり合うこの〝難題〟（つまり、リスクの中にある〝人生のあり方〟そのもの）に、〝現実的な答え〟を急いで出さなければならないのです。〝哲学的な命題〟が、〝生活上の課題〟になったとも言えるでしょう。

しかし、まずなによりも、政府および関係機関は、地域の住民のみなさん、そして全国民に、長期的な放射線防護の戦略を具体的に示し、わかりやすく説明することがとても重要であると考えます。そして、この本が、そのために、きっと、（大いに）役に立つはずだと信じています。

飯舘村の思想

2011年4月末、私たち「東大病院放射線治療チーム」のメンバー5名（医師3名、医学物理士2名）で、福島県を訪問しました。福島市、南相馬市などの、幼稚園、小学校、中学校で、校庭などの空間放射線量の測定と土壌の採取を行いました。また、文部科学省のモニターカーによる各地の測定結果が正しいかどうかのダブルチェックも行いました（正確に再現できました）。

飯舘村《いいたてむら》にも入って、住民のみなさんのお気持ちを伺い、菅野典雄村長と面談もさせていただきました。東京では見えなかった多くのことに気づかされまし

た。とくに、飯舘村の特別養護老人ホーム（いいたてホーム）の問題は、適切な放射線防護のあり方を考える試金石になる事例だと思います。

福島県飯舘村は、福島第一原発事故の影響で「計画的避難区域」に指定され、5月下旬を目処に避難を求められています。国から村民の避難を求められていることについて、菅野村長は、「村民一人ひとりの実情に合った、きめ細かく、柔軟性のある対応」を国に求めています。

ちなみに、村長との面談に先立って、同村の草野地区で、数名の方からもお気持ちを伺いましたが、たとえば、同じ農家でも、家畜がいるかどうかで、避難に対する感覚に差がありました。「早く避難したいが、当座の資金が必要」という現実的な意見もありましたが、「家畜は家族の一員。避難しても、毎日世話が必要」、「なじみのない土地に行けば、人間も大変だが、牛も大変。出る乳の量も半分になってしまう」といった声が印象的でした。

当方からも、「妊婦、赤ちゃんについては避難することもやむを得ないが、放射線積算推定量を見る限り、成人についての発がんリスクは、野菜不足や塩分の摂り過ぎより低く、極端に恐れる必要はないと思います。それより避難生活によるストレスなどの方が心配です」などと見解を述べました。

実際、100ミリシーベルトの被ばくは、野菜不足によってがんになりやすくなるリスクとほぼ同程度だと言われます。塩分の摂り過ぎは、約200ミリシーベルトの被ばくに相当しますし、運動不足や肥満は、400ミリシーベルト程度の被ばくと同じレベルのがん死亡リスクです。毎日3合お酒を飲んだり、タバコを吸ったりすれば、がん死亡リスクは一気に2倍となりますが、放射線被ばくで言えば、2000ミリシーベルト（！）に相当します。

菅野村長は、村民に向けたがんの啓発の必要性にも理解を示され、今後、村民向けに、当チームの協力のもと、放射線被ばく問題と健康に関する講演会などを開催し、「村民の不安を軽減したい」と応じてくださいました（5月15日開催予定。放射線被ばくがある量を超えた場合、憂慮《ゆうりょ》されるのが「発がん率の増大」です。私たち「東大病院放射線治療チーム」が「がん啓発」のための講演会などのご提案をしたのは、そもそもがんという病気について、いまだ日本では十分に理解されていない、と考えるからです)。

菅野村長は、また、村民同様に避難を求められている特別養護老人ホームの入居者らについて、「ばらばらに避難して体育館などの避難所で暮らすより、ホーム施設内に留まっていた方が、本人たちにとっていいのではないか」と語ってくださいました。この言葉を受けて、3名の医師で、特別養護老人ホーム「いいたてホーム」を訪問しました。

突然の訪問でしたが、三瓶政美施設長に詳しくご案内、ご説明をいただきました。ホームは、村役場にすぐ隣接していますが、これまで、中央からの政治家やメディアの訪問は皆無だそうです(4月29日の当チーム訪問時点)。

入居者は、現在107名、定員は入居120名・ショートステイ10名です。職員は定員130のところ現在110名勤務。避難の恐れがなければ、在宅の方も受け入れていけますが、いまのところ受け入れができない状況です。

入居者の平均年齢は約80歳、100歳以上の方もいます。ユニット型のケアを実施しており、ユニット内(10名程度)には家族のような絆《きずな》ができています。

入居者のうち、車イスの方が60名、寝たきりの方が30名（経管栄養を受けている方：15名）で、終末期の利用者も2〜3名おられました。震災後も3名が施設内で、家族、看護職員・介護職員に看取られ死亡しています。

胎児、小児の放射線感受性が高いのと反対に、高齢者の場合は、同じ量の放射線被ばくでも、発がんのリスクは高くなりません。被ばくから、発がんまでに多くの場合、10年以上の年月がかかるからです。医師の立場からも、80歳以上の高齢者の避難はナンセンスと言えます。

施設内の放射線量は、どこも1マイクロシーベルト毎時以内（鉄筋コンクリート造り）。入居者は屋外には出ることができないため、年間被ばくとしても、10ミリシーベルト以下です。家族といってもよい入居者がばらばらになり、慣れない他の施設へ行って、ストレスを抱えて生活するデメリットは大きく、避難を勧めることは〝正当化〟されないと思います。

施設が存続した場合、施設職員の被ばくが問題になりますが、三瓶所長や相談員の方が、24時間測定した「個人被ばく線量」から推定される年間被ばく量は、7・5〜10ミリシーベルト程度で、やはり容認できるレベルです。

国際放射線防護委員会レポート111号（本書の「大切ですが、少しむずかしい解説　放射線防護の考え方」を参照ください）が語る「住民の個別性を重視した避難」を考える上で、象徴的なケースだと言えるでしょう。柔軟な対応を求めたいと思います。

おわりに

日本は、「ゼロリスク社会」と言われてきました。この言葉は、「リスクがない社会」ではなく、「リスクが見えにくい社会」を意味します。そもそも、生き物はすべて死にますから、私たちに「リスクがない」わけがありません。放射線でがんが増えると言いますが、日本はもともと、「世界一のがん大国」。2人に1人ががんになり、3人に1人が、がんで死にます。

放射線を含めて、リスクの存在を認め、それにどう向き合うかという課題は、「限りある時間を生きる」私たちにとって、とても大切です。「リスクがないと思う」ことが

「リスキー」とも言えます。卑近な例ですが、このことを先日、実際に体験しました。

4月末のことでしたが、都内の路上で交通事故に遭いました。私が歩行者用の青信号に従って歩いていたところ、わき見運転をしていた右折車が、一時停止せずに、横断歩道に進入してきたのです。あわやという直前にドライバーが急ブレーキをかけましたが、間に合わず、接触事故となりました。挫傷程度の軽症ですみましたが、目の前にライトバンが迫ったその一瞬、死の恐怖を感じました。

ここだけの話ですが、普段はあまり、道路交通法を守らない方です（お巡りさん、ごめんなさい）。しかし、〝赤信号で渡る〟ときには、しっかり周りを確認します。しかし、今回は、青信号でしたので、気が緩んでいました。リスクがないと思っていることが、リスクだと感じた次第です。

私のことはどうでもいいので、話を元に戻します。がんは、日本人にとって、最大のリスクになっていると思います。2人に1人が、がんになると言いましたが、タバコ、お酒、偏った食事、運動不足などの結果、日本人男性の6割近くが、生涯に一つ以上のがんになります。しかし、私は、がんになった患者さんは「格上の人間」だと思っています。

今や、がんの半分以上は完治しますから、「不治の病」ではありません。しかし、いまだに「死の病」といったイメージが定着したままです。ゼロリスク社会の中で、がん患者さんだけは、「自分の死」という最大のリスクを意識せざるを得ません。リスクなどないと「勘違い」している一般市民とがん患者の「死生観」を比較するための調査研究をしたことがあります。その結果、がん患者さんは、「あの世がある」、「死んでも生まれ変わる」などと考えない反面、「生きる意義」を感じ、「使命感」を持っていることがわかりました。リスクを意識することが、「生きる意味を深める」ことにつながるのではないかと感じました。

今回の福島第一原発の事故は、あってはならない「人災」だと思っています。想定外の津波のためと言っても、原発に関わった「産学官」にまったく責任がないとは言えないと思います。たとえば、今回の事故の原因は津波で電力が失われたためですが、どうして、もっと安全な高台のような場所に電源を設置できなかったのか、と素人ながら思います。

しかし、「覆水盆《ふくすいぼん》に返らず」です。今、私たちにできることは、この事態にどう向き合うか、そして、この経験をどう活かすか、です。日本人の本当の力が試されているとも言えるでしょう。

2011年5月10日

東大病院放射線科准教授／緩和ケア診療部長　中川恵一

中川恵一（なかがわ・けいいち）

東京大学医学部附属病院放射線科准教授、緩和ケア診療部長。
１９６０年東京生まれ。１９８５年東京大学医学部医学科卒業、
同年東京大学医学部放射線医学教室入局。
１９８９年スイスPaul Sherrer Institute客員研究員、
２００２年東京大学医学部放射線医学教室准教授などを経て現職。
著書に『がんのひみつ』『死を忘れた日本人』（ともに朝日出版社）、『がんの練習帳』（新潮新書）など多数。
厚生労働省「がん対策推進協議会」委員、同「がんに関する普及啓発懇談会」座長、
同「がん検診企業アクション」アドバイザリーボード議長、日本放射線腫瘍学会理事。
東大病院で放射線治療を担当するチーム「team_nakagawa」のリーダーとして、
福島第一原発事故に際して、放射線の「正しい怖がり方」を、
放射線科医の立場からブログとツイッターで提供中。
team_nakawaga（ブログ）：http://tnakagawa.exblog.jp/
team_nakawaga（ツイッター）：http://twitter.com/team_nakagawa/

放射線のひみつ

正しく理解し、この時代を生き延びるための30の解説

２０１１年６月10日　初版第１刷発行

著者　中川恵一
イラスト　寄藤文平
ブックデザイン　戸塚泰雄
編集補佐　中村大吾
編集担当　赤井茂樹＋綾女欣伸＋大槻美和
発行者　原雅久
発行所　株式会社朝日出版社
〒一〇一－〇〇六五　東京都千代田区西神田三－三－五
電話　〇三－三二六三－三三二一　FAX　〇三－五二二六－九五九九
http://www.asahipress.com/
印刷・製本　図書印刷株式会社

ISBN978-4-255-00589-8 C0095

計算 ▶ まず、1日であれば1時間あたりの放射線量を24倍すればわかります（11.42 μSv/h × 24h = 274.08 μSv）。その365倍が年間の放射線量になります。274.08 × 365 = 100,039.2 μSv。このマイクロシーベルト単位の数字を、ミリシーベルトに換算すれば（数字を千分の1にして）、約100 mSv。ちなみに、人体への影響は年間100ミリシーベルト（mSv）を目安に、と言われます。

例題3

毎時3.8マイクロシーベルト（μSv/h）の放射線量が測定される場所（学校の校庭などの屋外）があるとします。「1年間ずっとその値で、毎日8時間を外で過ごす」と仮定した場合に、年間の被ばく総量（積算放射線量）はどれほどになるでしょうか？
ただし、毎日16時間は屋内にいるものとし、その場合の放射線量は屋外の半分と仮定します。

答え ▶ 約20ミリシーベルト（mSv）

計算 ▶ この計算は少々厄介です。
3.8 μSv/h × 8h × 365 = 11,096 μSv ≒ 11.1 mSv
…（A）屋外の被ばく総量
3.8 μSv/h × 16h × 365 × 0.5 = 11,096 μSv ≒ 11.1 mSv
…（B）室内の被ばく総量
この（A）と（B）を合計すると、22.2ミリシーベルト（mSv）。

覚えておきたい計算方法

詳しくは……本書 34 頁!

例題 1

毎時 10 マイクロシーベルト (μSv/h) ——マイクロシーベルトはミリシーベルトの千分の1 ——の放射線を受けている場所に3時間いる場合、その間の被ばく総量 (積算放射線量) は、どれほどになるでしょうか?

答え ▸ 30 マイクロシーベルト (μSv)

計算 ▸ 10 μSv/h × 3h = 30 μSv

例題 2

毎時 11.42 マイクロシーベルト (μSv/h) の放射線量が測定される場所があるとします。「1 年間ずっとその値の中で、毎日 24 時間を過ごし続ける」と仮定した場合に、年間の被ばく総量 (積算放射線量) はどれほどになるでしょうか?

答え ▸ 約 100 ミリシーベルト (mSv)